MAGISTERIO

Recamán Santos, Bernardo, 1954-
        ¡Póngame un problema! : la vuelta al mundo en ochenta juegos y acertijos /
Bernardo Recamán Santos. -- Bogotá : Cooperativa Editorial Magisterio, 2006.
        138 p. : il. ; 21 cm. -- (Colección Aula Alegre)
        Incluye bibliografía.
1. Matemáticas recreativas 2. Juegos matemáticos 3. Lógica
simbólica y matemática 4. Adivinanzas I. Tít. II. Serie.
793.74 cd 20 ed.
A1090939

CEP-Banco de la República-Biblioteca Luis Ángel Arango

Bernardo Recamán Santos

¡Póngame un problema!

La vuelta al mundo en ochenta juegos y acertijos

MAGISTERIO

¡Póngame un problema!
La vuelta al mundo en ochenta juegos y acertijos

© Bernardo Recamán Santos

Libro ISBN. 978-958-20-0877-2

Primera edición: 2006
Reimpresión: 2018

© COOPERATIVA EDITORIAL MAGISTERIO
Diagonal 36 bis # 20-70 (Parkway la Soledad)
PBX: 3383605
Bogotá, D.C., Colombia.
www.magisterio.com.co
info@magisterio.com.co

Dirección General
ALFREDO AYARZA BASTIDAS

Impresión:

PRINTED IN COLOMBIA

A la memoria de mi padre,
Jaime Mz-Recamán García

Contenido

Introducción

sta colección de ochenta juegos y acertijos matemáticos no tiene otro propósito que el de satisfacer a innumerables aficionados a las matemáticas, docentes, estudiantes y otros, que siempre están en la búsqueda de un nuevo desafío para entretenerse y retarse. La enorme popularidad que en poco tiempo ha adquirido el juego del Sudoku es una demostración más de que, a pesar de su mala fama, las matemáticas pueden llegar a atraer a personas de los más diversos intereses. Y es que la matemática, además de útil, posee un enorme valor estético y recreativo que desafortunadamente suele pasar desapercibido para la mayoría de quienes la tienen que estudiar por obligación y con profesores poco inspirados.

Como el juego del Sudoku, la mayoría de los juegos y acertijos que encontrarán los lectores aquí no requieren para su solución de conocimientos matemáticos avanzados, sino una dosis grande de ingenio, algo de inspiración y un poco de paciencia. El origen de ellos es muy diverso: algunos son variaciones de este autor sobre temas clásicos; otros, plenamente identificados, son creaciones poco conocidas de otros autores contemporáneos como el japonés Nobuyuki Yoshigahara o el ucraniano Serhiy Grabarchuk; otros más, son invenciones de este escribidor o de sus colegas y estudiantes. Las soluciones de todos los acertijos, y una pista para algunos, aparecen al final del libro, pero muchos de ellos pueden tener otras soluciones, o una solución mejor que la que aquí se presenta. El autor agradecería a quienes encuentren tales soluciones, o tengan cualquier otra inquietud o sugerencia, hacer el contacto respectivo.

Muchas personas han contribuido de una u otra manera a esta colección, ya sea con acertijos propios o soluciones. Debo, en particular, agradecer al grupo sabatino de talentos del Instituto Merani de Bogotá, cuyos miembros se enfrentaron por primera vez a muchos de estos acertijos, sugiriendo mejoras y variantes. Ellos reconocerán sus nombres entre los protagonistas de las historietas aquí narradas.

Son muchos los profesores y estudiantes que no encuentran suficiente material atractivo en los textos escolares tradicionales, repletos de ejercicios rutinarios y tediosos, pero escasos en desafíos interesantes y otras muestras de la belleza de las matemáticas y de su carácter recreativo. Es a ellos a quienes dedico esta colección.

El autor

ignotus@hotmail.com

I.

Ochenta juegos y acertijos

Primos y cuadrados en fila

Ubique los números de 1 a 16 en las 16 casillas de la figura de tal manera que la suma de los números en dos casillas vecinas sea siempre un número primo.

Ahora ubíquelos nuevamente en las casillas pero de tal forma que la suma de los números en casillas vecinas sea un cuadrado perfecto.

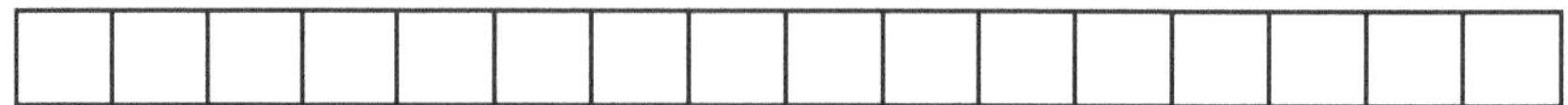

2. Dime con quién andas y te diré quién eres

El semestre pasado tuve 12 estudiantes en mi curso de teoría de grafos, Alberto, Beatriz, Clara, Daniel, etc. Al final del semestre quise saber qué tan unido era el grupo así que les pedí que elaboraran un diagrama o grafo de las amistades que había entre ellos. Los doce puntos representan a los doce estudiantes y una línea entre dos puntos, una relación de amistad entre ellos.

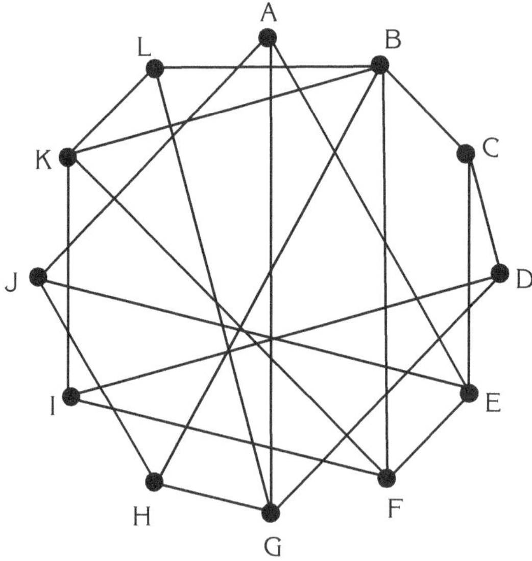

Desafortunadamente al comienzo del siguiente semestre, con los mismos estudiantes, ya había olvidado todos sus nombres; así que los numeré de 1 a 12 y les pedí que volvieran a elaborar un grafo representando sus vínculos de amistad al final del semestre anterior. Este fue el grafo que me entregaron:

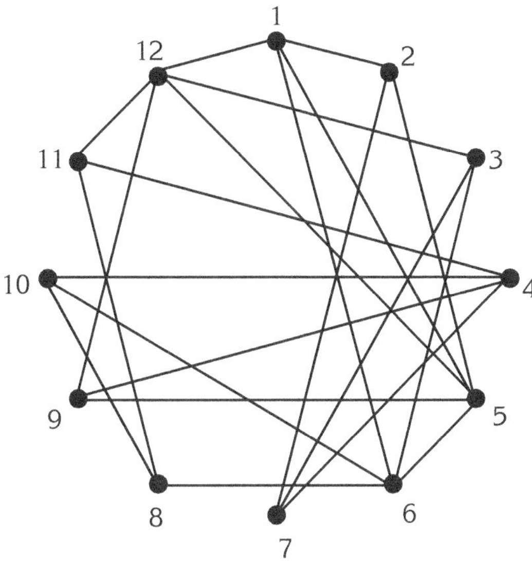

Después de esto no fue difícil identificar a cada uno de los doce estudiantes. ¿Puede deducir quién es quién?

3. Nueve números

La suma de nueve números enteros positivos es 45 y su producto es 362.880, pero los números no son 1, 2, 3, 4, 5, 6, 7, 8 y 9, cuya suma sí es 45 y su producto $9! = 362.880$.

Si no son esos, ¿cuáles son entonces los números?

4. Un millón de términos

¿Cuál es el millonésimo término de la siguiente secuencia de números enteros?

1, 1, 2, 3, 5, 8, 13, 12, 7, 10, 8, 9, ...

5. De compras

Durante el reciente Congreso Internacional de Matemáticos reunido en Madrid, Ignotus entró a una tienda de barrio y compró cuatro productos. La cuenta le salió por 7,11 euros. Examinándola con cuidado pudo observar que el producto de los cuatro precios *también* era 7,11.

¿Qué precio tenían los cuatro productos que compró Ignotus?

Recuerde que el euro, la moneda europea, se descompone en 100 centavos de euros.

6. Cuadrado trágico

¿Qué propiedad curiosa tiene este cuadrado con los números de 1 a 16?

7	5	12	3
11	1	2	13
15	8	4	14
10	16	9	6

7. Smaus rveletuas

Se ha cmopordabo que praa lree un txteo no ipmrota mcuho el odren de las ltears de cdaa plbalara con tal de que la pirerma y la útlima etsén bein. Etso no sceude con los nmeroús por que si se revuvelen los dtígois ientorires de un nmerúo, es diícfil sbear caúl era el nmúreo ogirianl.

Hay, sin ebgamro, aglnous csasos en que hay seficiunte ifnmrocaóin praa arvegiuar los nmúoers oirganleis si slóo se reovloveirn los dgíitos irnterioes de los nmúreos y no se atlrearon ni la pirmrea ni la útlmia de sus cfrias. Tal es el csao de la segunitie acidóin.

$$
\begin{array}{r}
77.815 \\
83.947 \\
+\ 45.629 \\
\hline
189.571
\end{array}
$$

¿Pdoíra dcier caúl era la smua crroceta de la acdóin ogrinail?

8. Pirámide

Coloque un número primo positivo o un cuadrado perfecto en cada uno de estos diez círculos de tal manera que el número en cualquier círculo que repose sobre otros dos sea la suma de los números en esos dos círculos. Los números deben ser todos diferentes.

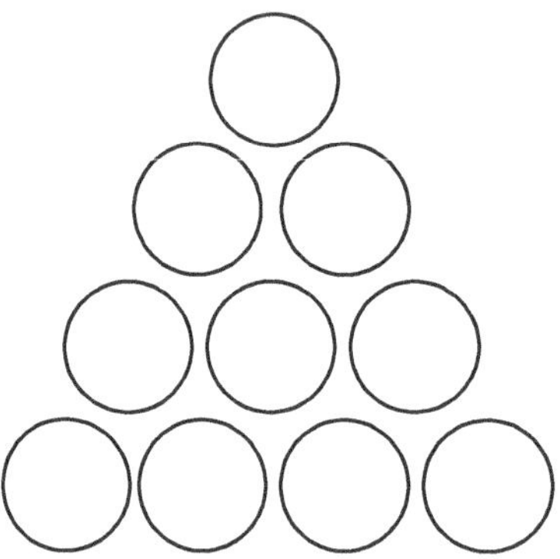

9. Los doce pentominós

Los doce pentominós son las doce maneras diferentes de unir cinco cuadrados por una o varias de sus esquinas:

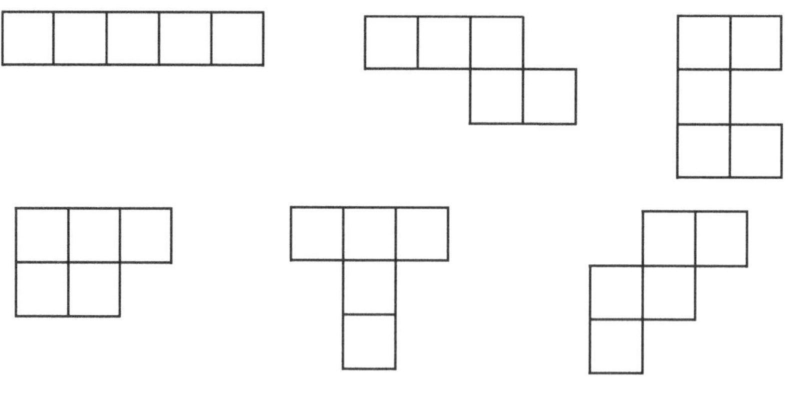

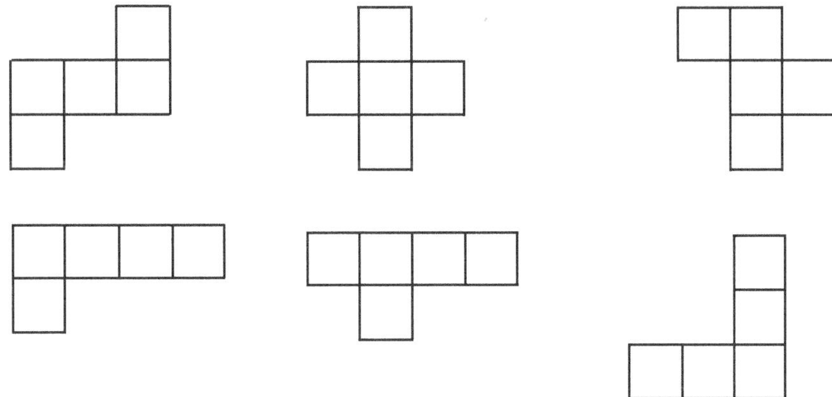

Muchas horas de entretenimiento, lejos de la televisión, tiene garantizado cualquiera que se construya en cartón o madera un juego completo de pentominós. Puede, por ejemplo, tratar de construir con ellos rectángulos de dimensiones 6 x 10, 12 x 5, 15 x 4 o 20 x 3, y convencerse de que no hay forma de construir uno de 30 x 2.

En este acertijo le vamos a ayudar a construir uno de estos rectángulos, el de 6 x 10. Para ello el lector tiene que ubicar los doce pentominós sobre este tablero de tal forma que cada uno de ellos cubra exactamente una celda sombreada.

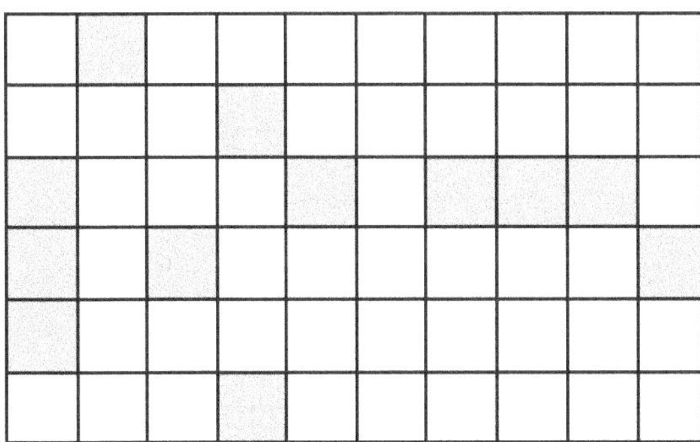

10. Pentosudoku

A menos que usted esté recién desembarcado de una nave espacial proveniente de Marte, ya conocerá el juego del Sudoku, el cual se regó por todo el mundo casi como una pandemia. Puede estar tranquilo: no encontrará en este libro ningún Sudoku. Encontrará, en cambio, un Pentosudoku aquí y un Hexosudoku más adelante.

Como el Sudoku, el Pentosudoku comienza con un casillero cuadrado en el que algunas casillas contienen un número. En el Pentosudoku, el casillero tiene dimensiones de 5 x 5 y los números con los que se llenan las casillas son los números de 1 a 5. A diferencia del Sudoku, que consiste de nueve cuadrados de 9 casillas cada uno, el Pentosudoku consta de cinco pentominós (descritos en el problema 9) diferentes que se han unido para formar un cuadrado.

Su misión, si decide aceptarla, es colocar un número de 1 a 5 en cada casilla desocupada de los cinco pentominós de la figura de tal manera que cada fila y cada columna del cuadrado contenga los cinco números, pero además, que cada uno de los cinco pentominós que lo conforman también contenga los cinco números.

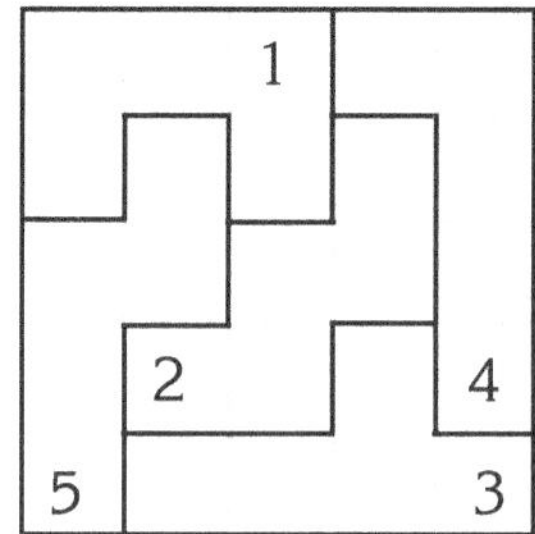

11. Números madrugadores y perezosos

Si se escriben los números naturales uno tras otro, sin comas ni espacios separándolos, el interminable número resultante nos deleita con numerosas sorpresas y no pocos interrogantes. El argentino Jaime Poniachek ha observado, por ejemplo, que las cifras iniciales del número (3,1415) aparecen muy temprano en la secuencia:

1234567891011121***31415***16171819202122232425 26...

Martin Gardner se inspiró en esta curiosidad para definir los *números madrugadores*, números que aparecen en la secuencia antes de su aparición obligatoria. El número 101, por ejemplo, es un número madrugador porque no se espera hasta que la secuencia llegue hasta 99100*101* para aparecer en ella, sino que lo hace mucho antes, casi al comienzo de la misma:

123456789*101*11213141516...

Los números que no son madrugadores son, por lo tanto, *números perezosos*. 2006, por ejemplo, es uno de ellos.

Dos de los siguientes matemáticos nacieron y murieron en años que fueron ambos números madrugadores.
* Pierre de Fermat nació en 1601 y murió en 1665.
* Isaac Newton nació en 1642 y murió en 1727.
* Gottfried W. Leibniz nació en 1646 y murió en 1716.
* Carl Friedrich Gauss nació 1777 y murió en 1855.
* Richard Dedekind nació en 1831 y murió en 1916.
* Paul Erdös nació en 1913 y murió en 1996.

¿Podría decir cuáles?

12. La cédula de Adriana

Adriana recibió recientemente su cédula de ciudadanía y se memorizó sin dificultad su número:

$$34.845.024$$

Examinándolo con cuidado observó que tenía una curiosa propiedad: su primera cifra es divisible por 1, el bloque de sus primeras dos cifras (34) es divisible por 2, el bloque de sus primeras tres cifras (348) lo es por 3, el de sus primeras cuatro (3.484) por 4, y así sucesivamente hasta el número completo de ocho cifras, que es divisible por 8.

Cuando Adriana le contó esto a su amiga Paula, ésta le comentó que su número también tenía la misma propiedad pero que, además, era el número de ocho cifras más grande que la poseía.

¿Cuál es el número de cédula de Paula?

13. El estuche

Ana tenía 6 joyas cuadradas de dimensiones 1x1, 2x2, 3x3, 4x4, 5x5 y 6x6. Para guardar las joyas había mandado a hacer un estuche rectangular de dimensiones 9x11 en las que le cabían todas sus joyas:

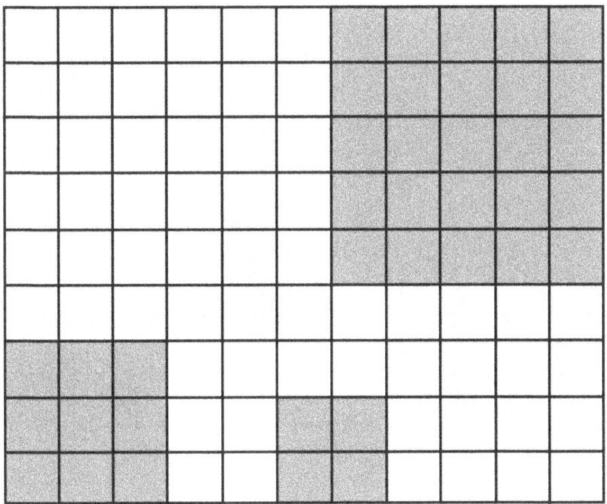

Su amiga Sandra le regaló cuatro joyas nuevas de dimensiones 7x7, 8x8, 9x9 y 10x10, por lo que ahora Ana necesita un estuche más grande para guardar todas sus joyas.

¿De qué dimensiones es la caja rectangular más pequeña en la que caben las 10 joyas de Ana?

14. Un corral con los pentominós

En el acertijo 9 ya conoció los pentominós. He aquí otro acertijo con ellos ideado por Victor G. Feser, y que Martín Gardner incluyó en uno de sus libros.

¿Cuál es el corral rectangular más grande que se puede cercar utilizando los dos pentominós?

La figura muestra uno de apenas 35 unidades cuadradas (5 x 7).

15. Las tejedoras de retazos

Valentina y Sofía querían entre ambas hacer una colcha rectangular de retazos cuadrados. Para ello, Valentina tejió un día un retazo rojo de 1 cm^2, uno de 2 cm^2, otro de 3 cm^2, y así, hasta cuando cayó la noche. El mismo día, Sofía, tejedora menos hábil, tejió retazos amarillos también cuadrados comenzando con uno de 1 cm^2, luego uno de 2 cm^2 y así hasta que se puso el sol. Al día siguiente juntaron sus retazos, 14 en total, y con todos ellos pudieron coser una colcha rectangular sin agujeros ni sobrantes.

¿Qué dimensiones tenía la colcha que tejieron Valentina y Sofía y cuántos retazos cuadrados tejió cada una de ellas?

16. La fiesta bailable

Sandra quiere invitar a sus compañeros de curso, diez niños y diez niñas, a una fiesta bailable a la que todos deberán ir en parejas. En el curso, no se entienden todos los unos con los otros así que antes de invitarlos tiene que decidir quién irá con quién. Para ello, Adriana representa a los diez niños, Alberto, Bernardo, Camilo, Daniel, Eduardo, Fernando, Guillermo, Hugo, Ignacio y Jaime, mediante diez puntos (A, B, C, etc.), y lo mismo hace con las diez niñas, Ana, Berta, Clara, Débora, Evangelina, Florencia, Gaby, Hortensia, Imelda y Josefina (a, b, c, etc.). Luego traza una línea uniendo los puntos correspondientes a un niño y una niña que fueran amigos y puedan, por lo tanto, ir al baile juntos. Así podrá determinar quién debería ir con quién.

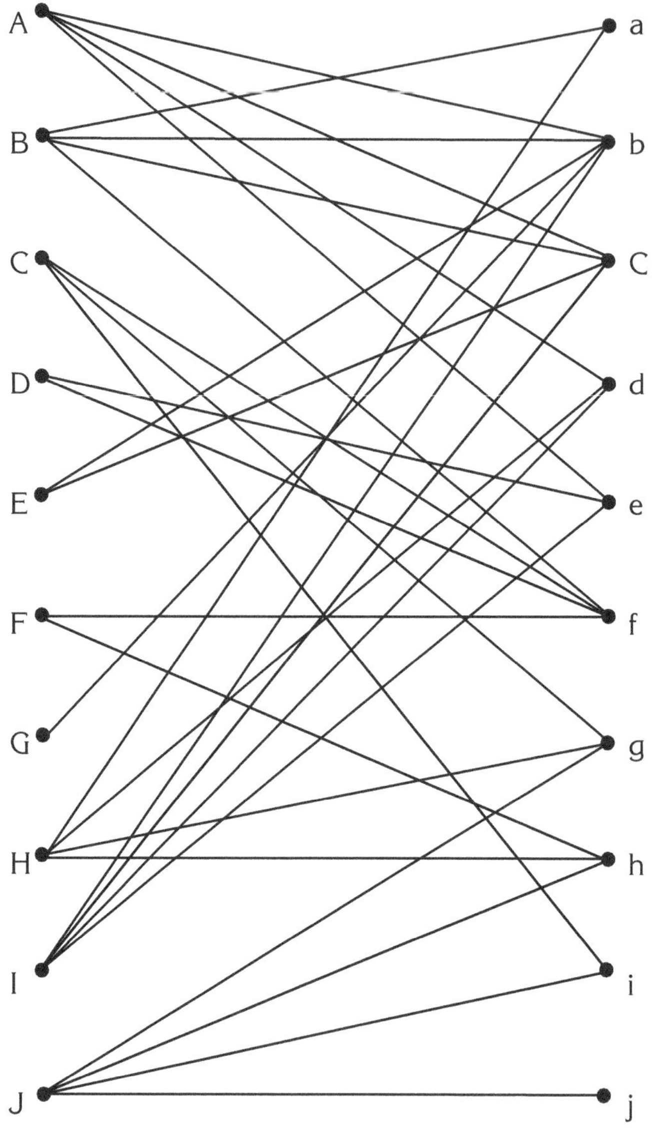

¿Puede averiguar con quiénes irán Ana y Florencia a la fiesta de Adriana?

17. Números económicos

Un número entero se dice que es *económico* si al descomponerlo completamente en factores primos con sus exponentes correspondientes, el número de dígitos que se utiliza en ello es menor que el número de dígitos del número original.

La mayoría de los números no son económicos. 2006, por ejemplo, no lo es porque su descomposición en factores primos (2 x 17 x 59) utiliza 5 dígitos, uno más que el número mismo.

El número económico más pequeño es 125, cuya descomposición en factores primos (5^3) apenas emplea 2 dígitos, contra 3 que utiliza el número original.

Hay sólo una pareja de números consecutivos menores que 5.000 que son económicos.

¿Puede encontrarlos?

18. Números saltarines

¿Reconoce el lector los números de la siguiente serie?

1, 4, 9, 16, 25, 36, 49, 64, 81, 10, 121, 252, 403, 574, …

Parecen, inicialmente, los cuadrados perfectos pero dejan de serlo a partir del décimo término.

¿Qué números son?

El lector quizá quiera ver cómo sigue la serie:

765, 976, 1207, 1458, 1729, 40, 252, 736, 1008, 1300, …

Es posible que se sorprenda al ver que la serie no es estrictamente creciente y, además, que algunos de sus términos, como el 252, se repiten, pero talvez esto le dé pistas de cómo se construye.

¿Ya lo sabe? En ese caso, ¿puede decir cuál es el centésimo término de la serie?

19. Vuelta olímpica

Treinta y dos atletas llevan puestas camisetas numeradas del 1 al 32.

¿Es posible que todos ellos formen un círculo tal que los números de las camisetas de cualesquiera de dos de ellos que queden uno al lado del otro sumen un cuadrado perfecto?

20. Palabras, palabras

Todas las siguientes palabras tienen una propiedad común.

MUY   AMOR   CRUZ   HIMNOS   ADIÓS   BEFO

BELLO   HIJOS   LOS   FINOS   FLOR

¿Podría decir cuál es? ¿Cuántas otras palabras puede encontrar con la misma propiedad?

21. Los triángulos de Kobon

Si se trazan siete líneas rectas en una hoja de tal manera que se forme el mayor número posible de triángulos independientes (es decir, que no se traslapen), éste en ningún caso podrá ser mayor de 11. Un ejemplo con 11 triángulos es la figura siguiente:

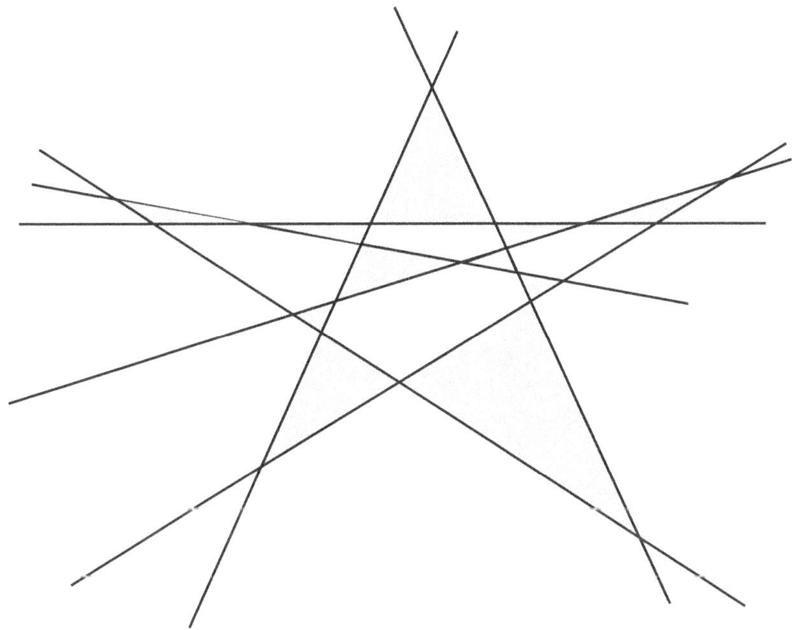

Estos triángulos llevan el nombre del profesor japonés Kobon Fujimura, quien fuera el primero en estudiarlos.

¿Cuál es el mayor número de triángulos independientes que se pueden formar con ocho rectas? ¿Con nueve?

22. Abejas celosas

Encuentre caminos para conectar cada pareja de celdas que tengan la misma letra. Los caminos no se pueden cruzar entre sí, ni pueden pasar dos caminos por una misma celda.

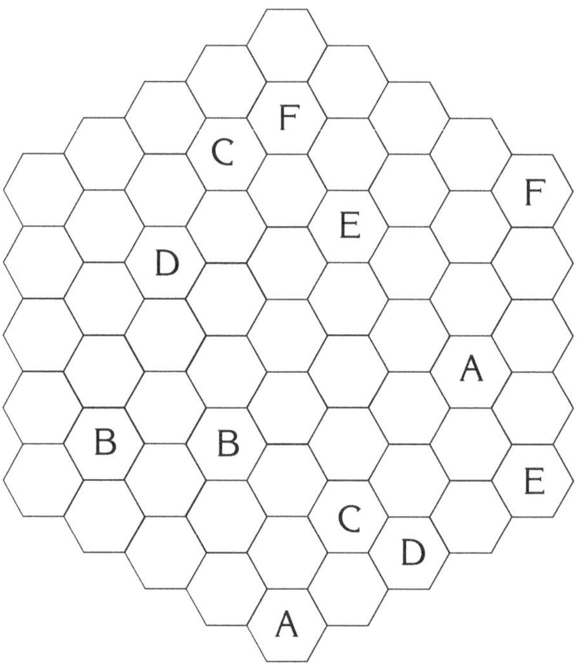

23. Novios celosos

Este es el plano de un pequeño pueblo en una de las cordilleras colombianas. Las esquinas marcadas con las letras A, B, C, D, E, F y G son los lugares donde viven siete estudiantes que no se quieren entre sí. Los círculos marcados con las mismas letras son los lugares donde viven sus respectivas novias.

¿Qué rutas deben tomar los cinco estudiantes para visitar a sus novias si se quiere que sus caminos nunca se crucen?

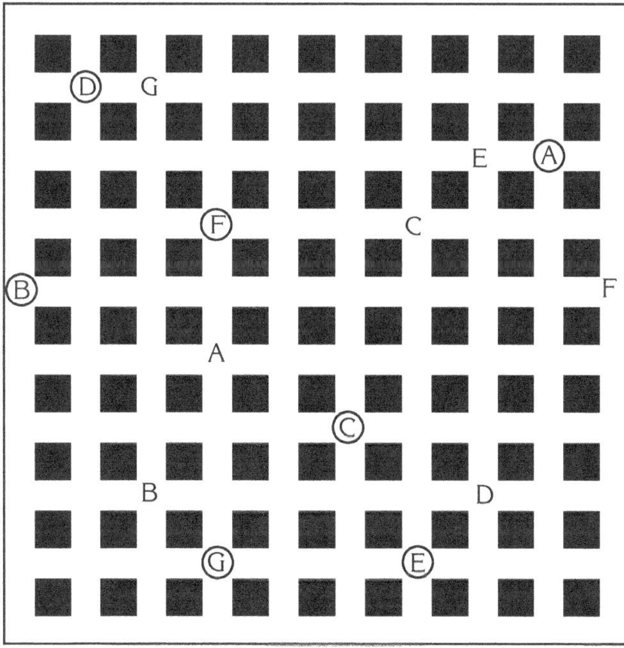

24. Los árboles de Navidad

Viene pronto la Navidad y el alcalde de Taraira quiere colocar unos enormes árboles navideños que puedan ser vistos desde cualquier calle de la ciudad. ¿Cuántos árboles y dónde debe sembrarlos para que desde cualquier lugar de cualquier calle de Taraira se vea al menos uno de ellos?

25. Hermanos primos

—Mi hermano menor y yo —me contó recientemente mi tío Álvaro—, nacimos ambos en años primos, nos casamos a la misma edad, también en años primos, y nos retiramos de nuestros trabajos a la misma edad, en años que también eran ambos números primos.

¿En qué año nació mi tío Álvaro, a qué edad se casó y cuántos años tenía cuando se jubiló?

26. El matemago

Un mago, especializado en magia matemática, le entrega a un miembro del público un juego de 48 tarjetas numeradas del 1 al 48 y le pide que después de que él se haya encerrado en un cuarto sin comunicación alguna con el exterior, escoja primero cinco de las tarjetas y luego tome una sola de ellas y le entregue las demás a su asistente. El asistente toma las cuatro cartas y sin anotar nada en ellas, ni decir palabra alguna que pudiera oír el matemago encerrado, las lleva al cuarto donde se encuentra éste y se las pasa por debajo de la puerta. Unos segundos después el matemago sale del cuarto y anuncia correctamente el número de la carta que el participante conservó.

¿Puede explicar cómo adivinó el matemago la carta escogida?

27. La constelación

Trace cinco líneas rectas continuas que pasen por el centro de las doce estrellas que conforman esta constelación.

28. Cuadrado latino

Complete las casillas de este cuadrado con los números de 1 a 6 de tal manera que en cada columna, en cada fila y en las dos diagonales se encuentren cada uno de esos seis números.

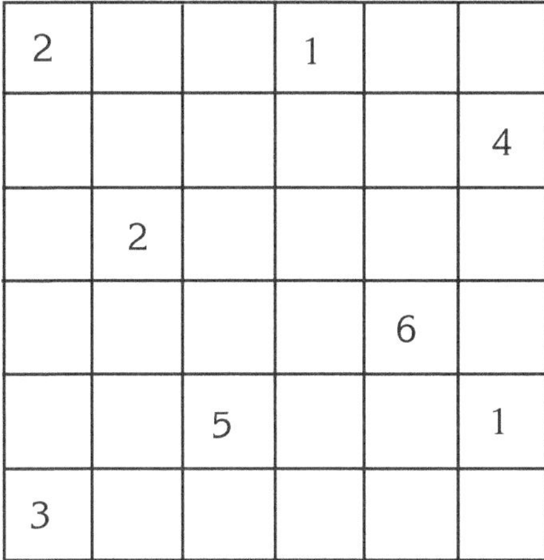

29. Los productos

Coloque doce números enteros diferentes en doce de las casillas de este tablero de tal manera que en cada columna y en cada fila queden dos números cuyo producto, en el primer caso, es el que se encuentra debajo de cada columna, y en el segundo, al extremo derecho de cada fila.

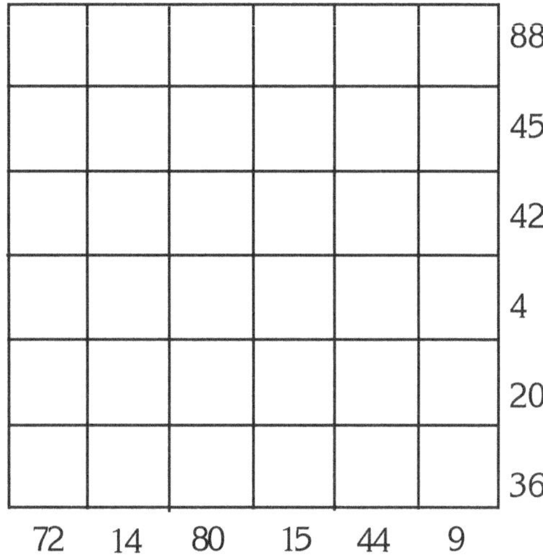

30. Un nonominó

Cubra este tablero con 16 copias del mismo nonominó (un polinomio de 9 cuadrados) de tal forma que cada nonominó ocupe exactamente una casilla gris.

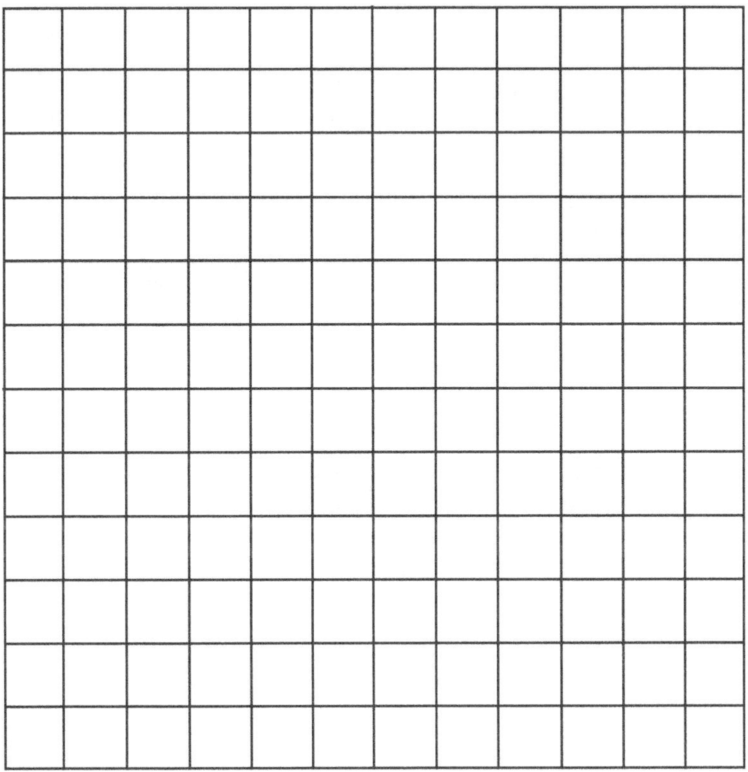

31. Más o menos

En el juego de *Más o menos* dos jugadoras, Alejandra y Pilar, se turnan en colocar o retirar un número creciente de canicas en una vasija en la que caben, como máximo 100 canicas y que, para comenzar, se encuentra vacía. En el primer turno Alejandra comienza colocando *una* canica en la vasija. En el segundo turno, Pilar coloca *dos* canicas en la vasija. De ahí en adelante, en el n-ésimo turno, la jugadora a la que le toque jugar, coloca en la vasija n canicas, o retira de ella ese número de canicas, lo que ella prefiera, siempre y cuando, si opta por retirar canicas, haya las suficientes para hacerlo. La ganadora del juego es la primera jugadora que llene de canicas la vasija, no importa que le sobren algunas de las canicas que le corresponden en su turno.

> *a)   Demuestre que, no importa cómo jueguen, Más o menos siempre tendrá una ganadora.*
>
> *b)   ¿Hay alguna estrategia que le permita a Alejandra o a Pilar ganar siempre?*

32. Fracciones pandigitales

Coloque los dígitos de 1 a 9 en las nueve casillas vacías de esta expresión de tal forma que la suma de las tres fracciones sea un número entero N.

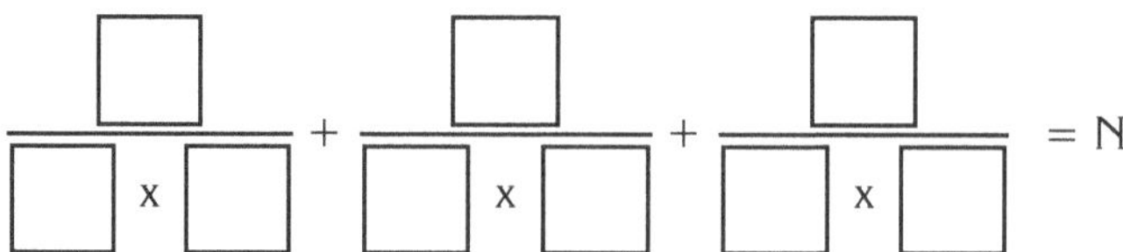

33. Verdadero o falso

Adriana, Blanca, Carolina y Daniela presentaron un examen de filosofía que consistió de apenas diez preguntas de verdadero o falso. A continuación aparece lo que contestaron en cada una de las diez preguntas.

Pregunta	Adriana	Blanca	Carolina	Daniela
1	V	F	V	F
2	F	V	F	F
3	F	F	V	V
4	V	F	V	F
5	F	F	V	V
6	F	V	F	F
7	V	F	V	F
8	V	V	V	F
9	F	F	V	V
10	V	F	V	F
	8	*2*	*7*	*?*

Fernández, el profesor, alcanzó a corregir los exámenes de Adriana, Blanca y Carolina, y a tomar nota del número de preguntas que cada una de ellas tuvo bien, pero después dejó en un taxi la hoja con las preguntas y las respuestas y tuvo que ir donde Pulido, el profesor de lógica, a que le ayudara a decidir cuántas respuestas correctas tuvo Daniela.

¿Podría averiguarlo usted?

34. Las monedas de Gustavo y María

Gustavo tiene 48 monedas de cincuenta pesos. Toma la mitad de ellas y las coloca sobre una mesa con el escudo a la vista y formando un rectángulo de 4 x 6. Las demás monedas las utiliza para colocarlas, con el escudo boca abajo, alrededor de las demás, tal como se ve en la figura.

María tiene un número diferente de monedas y al ver el diseño que hizo su hermano con las suyas, las examina un momento y finalmente dice:

—Es curioso, con mis monedas, yo también puedo formar un rectángulo con la mitad de ellas y utilizar las demás para formar un marco alrededor de él.

¿Cuántas monedas tiene María?

35. El tablero minado

La figura muestra un tablero de 10 x 15 casillas en el cual hay doce casillas con una trampa. Muestre cómo se pueden recorrer todas las casillas libres del tablero con una trayectoria que empiece en una casilla libre cualquiera, avance sólo de manera horizontal o vertical de una casilla a otra (como la torre en el juego de ajedrez), visite cada una de las 138 casillas sin trampa exactamente una vez y regrese finalmente a la casilla donde comenzó el recorrido.

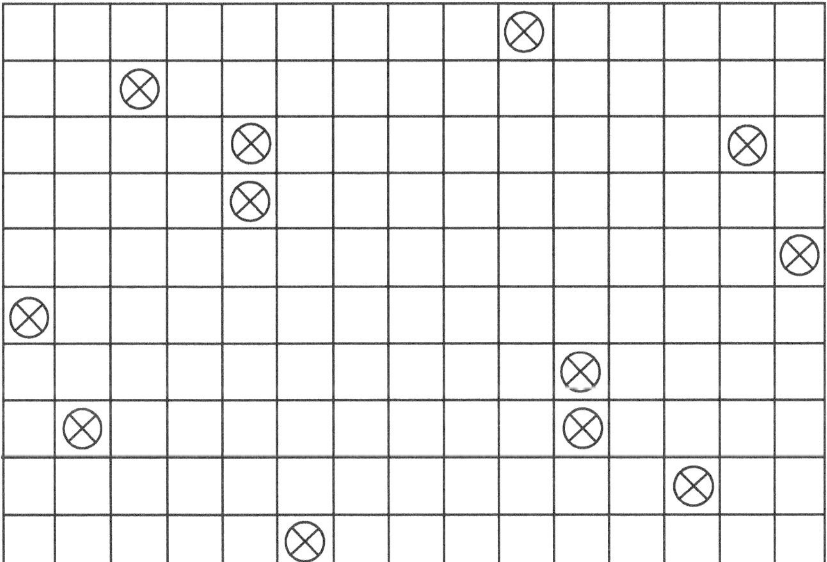

36. El vidrio roto

Cuatro amigos, Andrés, Bernardo, Carlos y David, jugaban en el patio del colegio con un balón. Uno de ellos lo pateó tan duró que rompió un vidrio de la oficina del rector. Éste, algo disgustado, llamó a los cuatro y les preguntó quién había sido.

—Carlos fue —dijo Andrés.
—Yo no fui —dijo Bernardo.
—Fue David —dijo Carlos.
—Carlos miente cuando dice que fui yo —dijo David.

En ese momento entró el profesor de música a la oficina del rector y éste le contó lo que le habían dicho los cuatro muchachos.

—Sólo uno de ellos está diciendo la verdad— comentó el profesor. —Yo estaba en clase con los de once y vi todo desde el salón.

El rector se quedó pensando un rato y pudo deducir quién había sido el que rompió el vidrio.

¿Quién fue?

37. El censo

Durante el reciente censo, un encuestador le preguntó al dueño de casa las edades de todos los residentes en ella.

—Todas nuestras edades, salvo la de mi padre, cuya edad es un número primo, son números cuadrados perfectos —respondió.

El encuestador tomó nota.

—Mi edad es la suma de las edades de mi esposa, mi hijo y mi hija.

—¿Algo más? —preguntó el encuestador.

—Sí. La edad de mi padre —dijo— es la suma de mi edad, la de mi esposa y la de mi hija.

El encuestador, buen matemático, no tuvo ningún problema en averiguar la edad de todos.

¿Qué edad tenían el padre y los demás miembros de su familia?

38. El reloj de Ignacio

Ignacio tiene solamente un reloj. Un día se le acabó la pila y el reloj se paró. Le puso una pila nueva y el reloj siguió andando, pero como no sabía qué hora era resolvió irse caminando donde un amigo para averiguarla. Cuando llegó donde el amigo, le preguntó a éste la hora, pero en ese mismo momento se dio cuenta que había dejado el reloj en el apartamento. Ignacio se quedó un buen rato donde el amigo tomando café y oyendo óperas y ya de noche regresó caminando (a la misma velocidad que antes) a su apartamento, no sin antes preguntarle de nuevo la hora a su amigo. Apenas llegó al apartamento puso su reloj en la hora exacta.

¿Cómo hizo Ignacio para saber la hora correcta en que debía poner su reloj?

39. Sólo entre primos

Complete las 18 casillas de esta multiplicación utilizando solamente los dígitos primos, es decir, 2, 3 5 y 7.

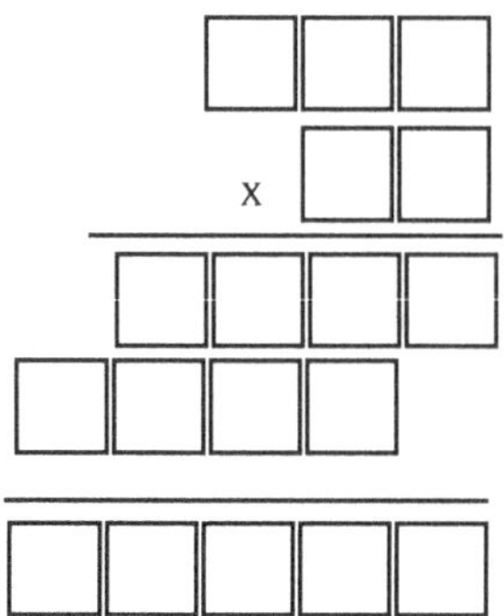

40. Un clásico ruso

En el tren de Moscú a la antigua Leningrado (hoy San Petersburgo) viajaban tres pasajeros cuyos nombres eran Ivanov, Petrov y Sidorov. Por coincidencia el ingeniero, el bombero y el conductor del tren tenían los mismos apellidos.

En su momento se comprobó que la siguiente información era toda veraz:
1. El pasajero Ivanov vivía en Moscú.
2. El conductor del tren vivía a mitad de camino entre Moscú y Leningrado.
3. El pasajero con el mismo apellido que el conductor vivía en Leningrado.
4. El pasajero que vivía más cerca del conductor ganaba exactamente tres veces lo que ganaba el conductor.

5. El pasajero Petrov ganaba 200 rublos al mes.
6. Sidorov, uno de los tres operarios del tren, recientemente le había ganado una partida de billar al bombero.

¿Cuál era el apellido del ingeniero del tren?

41. El torneo de fútbol

Tres equipos de fútbol, Azules, Blancos y Colorados, jugaron un corto torneo en el que cada uno de ellos se enfrentó una vez a cada uno de los otros dos. En el torneo se anotaron casi 40 goles y cada equipo ganó un partido y perdió otro. Los Azules le ganaron a los Colorados, estos le ganaron a los Blancos y estos a su vez le ganaron a los Azules.

Al final del torneo los Azules pidieron ser declarados campeones pues habían anotado el mayor número de goles. Sin embargo, los Blancos también lo hicieron pues la razón entre sus goles a favor y sus goles en contra había sido la mayor.

Los organizadores del torneo finalmente decidieron declarar campeón a los Colorados pues eran los que tenían la mejor diferencia de goles (goles a favor menos goles en contra).

¿Cuáles fueron los resultados de los tres partidos que se jugaron en el torneo?

42. Una conversación en el ciberespacio

Dos desconocidos, X y Y, se encuentran en el ciberespacio a través de un portal de mensajes y sostienen esta conversación:

X: ¡Hola!

Y: ¡Hola! ¿Quién eres?

X: Catalina, ¿tú?

Y: Alfredo. ¿Y tú qué haces?

Catalina: Soy profesora. ¿Tú?

Alfredo: Abogado penalista. Y tú, ¿profesora de qué?

Catalina: De matemáticas.

Alfredo: ¡Uy!

Catalina: ¿No te gustan?

Alfredo: Sí, mucho. ¿Y cuántos años tienes?

Catalina: ¿No te da pena preguntarme eso?

Alfredo: ¡Por internet no!

Catalina: Pues no te lo a voy a decir.

Alfredo: Está bien. Dime al menos en que año saliste de la Universidad.

Catalina: Hace menos de un siglo.

Alfredo: Eso ya lo sabía. Dame una pista de verdad.

Catalina: El año en que me gradué tiene 16 divisores diferentes.

Alfredo: Dime algo más.

Catalina: Al año en que me gradué no lo divide ningún número cuadrado perfecto.

Alfredo: Todavía no sé. Dime si es par o no.

Catalina: No te digo, porque si te lo dijera, podrías averiguar mi edad.

Diez minutos más tarde:

Catalina: ¿Te fuiste?
Alfredo: No, ¡estoy pensando! Un minuto.
Alfredo: ¡Ya sé! Te graduaste en …

En ese instante, como suele suceder, el servidor se cayó y la conversación se interrumpió.

¿Cuándo se graduó Catalina?

43. Un poliminó con agujeros

Los doce pentominós descritos en el problema 9 pertenecen a la familia de los poliminós, figuras compuestas de cuadrados del mismo tamaño y adheridas entre sí por al menos un lado. Los dominós, por ejemplo, son poliminós compuestos de dos cuadrados, mientras que los tetraminós, son poliminós formados con cuatro cuadrados. Es fácil comprobar que hay cinco tetraminós diferentes:

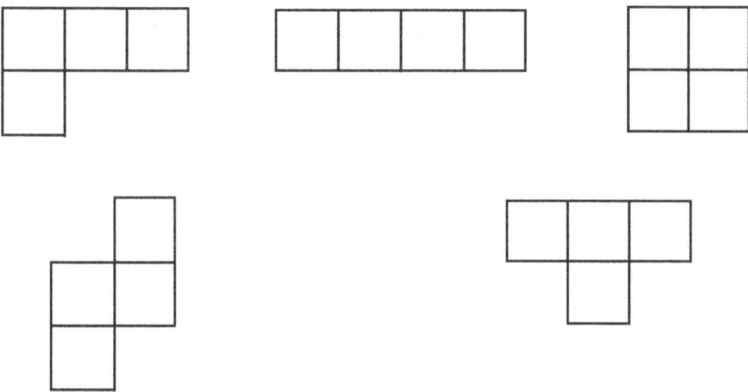

El número de cuadrados del que está compuesto un poliminó se llama su *orden*. Los tetraminós son, por lo tanto, poliminós de orden 4. Entre los poliminós de orden superior los hay que tienen agujeros por dentro. El siguiente, por ejemplo, es un octaminó o poliminó de orden ocho que tiene un agujero en el centro.

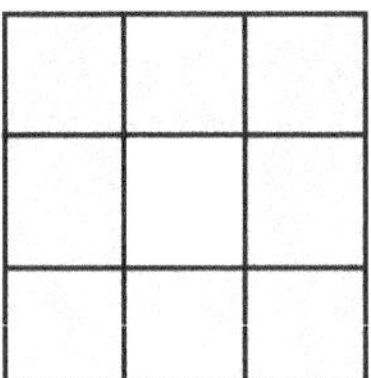

El que aparece en la siguiente figura es un poliminó de orden 47 bastante curioso: tiene cinco agujeros idénticos a los cinco tetraminós.

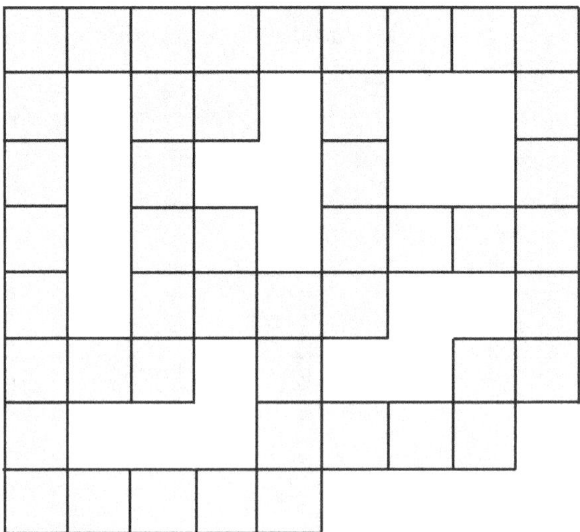

¿Es este el poliminó de orden más pequeño que contiene cinco agujeros iguales a los cinco tetraminós? Tenga en cuenta que los agujeros tienen que estar totalmente rodeados de cuadrados.

44. Los buses

Desde las 5 de la mañana hasta las 10 de la noche, un bus sale de Bogotá a Tabio cada 10 minutos. Exactamente a las mismas horas sale también uno de Tabio a Bogotá. Los buses viajan todos a la misma velocidad constante y se demoran una hora en el trayecto de un lugar al otro.

Felipe viajó una mañana de Bogotá a Tabio y regresó por la noche. Si en el recorrido de Bogotá a Tabio, Felipe contó 7 buses que venían en dirección contraria, y 9 por la noche cuando regresó a Bogotá, ¿puede decir a qué horas tomó los buses de ida y vuelta?

45. El dominó de María Lucía

A mi sobrina María Lucía le gusta jugar con el dominó y también le gusta jugar con los números. Recientemente me mostró cuatro fichas de su juego de dominó que tenía en la mano y me dijo:

—¿Si sabes que con estas cuatro fichas que tengo aquí puedo formar una multiplicación verdadera?

Examiné las cuatro fichas pero no vi cómo se podían convertir en una multiplicación verdadera.

—Mira —me dijo, y colocó las fichas sobre una hoja en la que antes había escrito un signo de multiplicación y otro de igualdad—:

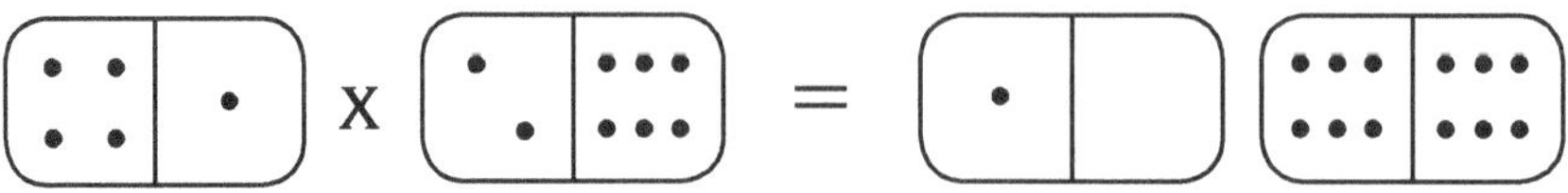

Si ahora reemplazo los puntos por dígitos, lo que se obtiene es una multiplicación verdadera:

$$41 \times 26 = 1066$$

—Tienes razón —le dije—. ¿Y has encontrado otros ejemplos, o éste es el único?

—No he encontrado muchos, pero creo que encontré el ejemplo que arroja el producto (de cuatro dígitos) más grande.

¿Puede el lector encontrarlo también?

46. Seis asuntos de afán

1. La igualdad $26 - 63 = 1$ es evidentemente falsa. Cambie la posición de uno sólo de sus dígitos y hágala verdadera.
2. Demuestre de dos maneras diferentes que la mitad de 12 es 7.
3. ¿Qué letra sigue en esta serie de letras?
   u, d, t, c, c, s, s, o, n, d, o, d, t, ?
4. ¿Qué número sigue?
   4 6 5 0 7 3 8
5. ¿Cuántas sílabas tiene la respuesta a esta pregunta?
6. Los números 9 y 10 son dos números consecutivos cuya suma digital (la suma de sus dígitos) es, en cada caso, un cuadrado perfecto. ¿Cuál es la siguiente pareja de números consecutivos con la misma propiedad?

47. La M

Haga una copia de estas cuatro piezas y forme con ellas una letra M mayúscula.

48. Amigas

En un salón hay 15 niñas. No todas ellas son amigas entre sí. Demuestre que de cualquier forma hay al menos dos de ellas que tienen exactamente el mismo número de amigas dentro del salón.

49. La caja fuerte

La caja fuerte del Banco Central de Alfagonia tiene un número de candados cuyas llaves han sido entregadas a sus cinco directores y el presidente del Banco. Para evitar desfalcos, cada uno de ellos tiene solamente las llaves de algunos de los candados. Sin embargo, si se reúnen tres de ellos, no importa cuáles, entre los tres pueden abrir todos los candados. Sucede lo mismo si cualquiera de los directores y el presidente del banco se reúnen. En cambio, sólo el presidente o solamente dos de los directores, no tienen forma de abrir todos los candados.

¿Cuál es el mínimo número de candados que necesita tener la caja fuerte del banco y cómo deben repartirse sus llaves entres los cinco directores y el presidente del Banco para se cumplan las condiciones anteriores?

50. Una perla de Yakov Perelman

Entre los primeros libros de acertijos matemáticos que cayeron en las manos de Ignotus estaban los del ruso Yakov Perelman. Algunos de ellos todavía circulan y sus problemas permanecen tan frescos como cuando los resolví, o intenté resolver la primera vez. He aquí uno de ellos:

"Al salir de compras, llevaba en el portamonedas unos 15 rublos en billetes de un rublo y algunas piezas de 20 kopeks. Al regresar, traía tantos rublos como monedas de 20 kopeks tenía al comienzo, y tantas monedas de 20 kopeks como billetes de rublo tenía antes. En el portamonedas me quedaba un tercio del dinero que llevaba al salir de compras."

¿Cuánto costaron las compras?

51. La carrera

Dos hermanos, Julián y Miguel, corrieron una carrera de 100 metros y ganó Julián por 3 metros. Decidieron volver a correr la misma carrera pero esta vez Julián comenzó la carrera tres metros detrás de su hermano.

Si los dos hermanos corrieron la segunda carrera exactamente a la misma velocidad que la primera, ¿quién ganó esta carrera?

52. El juego del once

En una mesa hay, boca arriba, diez cartas numeradas del 1 al 10. Manuel y Silvia se turnan en escoger una carta a la vez. El primero de los dos que tenga entre sus cartas un grupo de ellas que sume 11 pierde. Si cuando se agoten las cartas, ninguno de los dos ha completado cartas que sumen 11, el juego termina empatado.

¿Puede, en efecto, terminar empatado este juego? Si es así, dé un ejemplo.

53. Los auto-números

El matemático y profesor indio Shri Dattathreya Ramachandra Kaprekar (1905-1986) jugó con los números toda su vida y descubrió muchas propiedades curiosas acerca de ellos. La más célebre de ellas tiene que ver con la *constante de Kaprekar,* que se discute en otro problema más adelante.

Los auto-números, *self-numbers* en inglés, fueron introducidos por Kaprekar en 1949. Un número natural es un auto-número si no es igual a la suma de algún otro número y la suma digital de éste. Recuerde que la *suma digital* de un número es la suma de sus dígitos. El número 2006 **no** es un auto-número porque $2006 = 2002 + 2 + 0 + 0 + 2$. Por otro lado, 2007 sí es un auto-número pues no hay ningún número que sumado con su suma digital dé como resultado 2007.

Hay 13 auto-números menores que 100.

¿Puede encontrarlos?

54. El cubo amable

Ubique un número entero diferente entre 0 y 12 en las ocho esquinas de este cubo de tal manera que los doce números que resultan de restar el número menor del número mayor de cada arista sean los números 1, 2, 3, ... y 12.

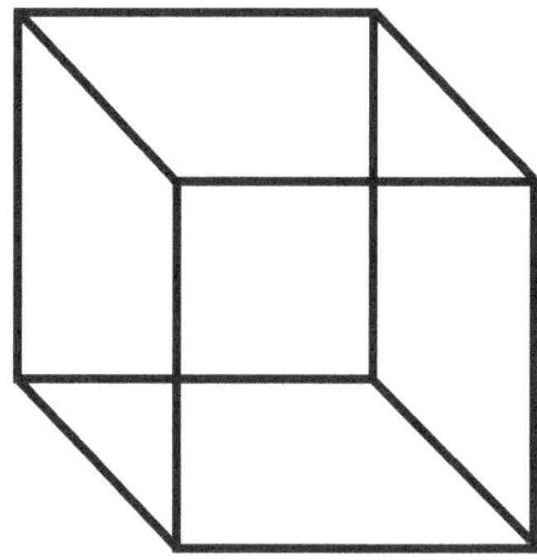

55. Parejas imposibles

Seis jugadoras de baloncesto tienen puestas camisetas numeradas con seis números consecutivos no mayores que 100. Las camisetas con los seis números siguientes las llevan puestas seis jugadoras de balonmano. El entrenador les pide a las doce jugadoras que formen seis parejas conformadas de una jugadora de baloncesto y una jugadora de balonmano. El entrenador, un aficionado a los números, les pide además que cada pareja tenga camisetas con números que sean primos relativos entre sí, es decir, que no tengan un divisor común.

Después de un rato intentándolo, las doce jugadoras están de acuerdo en que no hay forma de satisfacer al entrenador.

¿Qué números tienen en sus camisetas las jugadoras de baloncesto?

56. Las láminas del mundial

Poco antes del pasado Campeonato Mundial de Fútbol me encontré con Federico cambiando láminas del álbum conmemorativo.

—¿Cuántas láminas tienes ya? —le pregunté.

—Pues fíjate que el número de láminas que tengo es un número bastante curioso. Es el número más pequeño que hay que no se puede convertir en un número primo cambiando solamente uno de sus dígitos por otro.

Me quedé pensando en lo que me dijo Federico y descubrí que el número de láminas que yo tenía era justamente el siguiente número que existe con la misma propiedad.

¿Cuántas láminas tenía Federico en ese momento y cuántas tenía yo?

57. Otro acertijo mundialista

En otra ocasión, también antes del pasado Mundial, me encontré con Lorenzo, Mauricio y Sergio, tres futbolistas afiebrados que también estaban examinando las láminas del álbum conmemorativo que estaban coleccionando entre los tres. Me contaron que entre todos, ese día habían conseguido un total de 204 láminas diferentes, pero de esas, 29 eran repetidas.

—¿Tantas? —pregunté.

—Sí, yo fui el que menos conseguí, pero a mi sólo una séptima parte de las láminas me salieron repetidas, en cambio de las de Mauricio, una quinta parte ya las teníamos—, me contó Lorenzo.

—Y a usted, ¿cuántas le salieron repetidas? —le pregunté a Sergio.

—No tantas, sólo la décima parte. Casi las mismas que a Lorenzo —me dijo.

¿Cuántas láminas consiguió cada uno de los amigos?

58. El muchacho y el helicóptero

Examine con cuidado la cuadrícula en esta página con el dibujo de un atleta. Los números en el exterior fueron los que permitieron construir al atleta. Sobre cada columna o al lado de cada fila de casillas la cantidad de números que hay indica el número de bloques negros que se encentran en esa columna o fila. Los números en sí, a su vez, indican en orden, de cuántas casillas está conformado cada bloque. Con un poco de lógica se puede deducir exactamente dónde van todos los bloques y dibujar así el atleta.

Con esta información ya está listo para construir las figuras de los siguientes diagramas (llamados nonogramas):

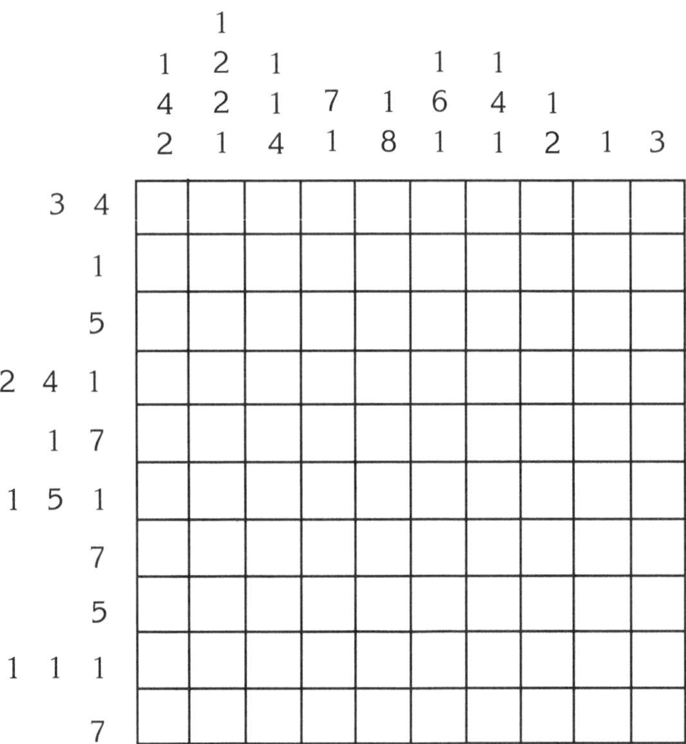

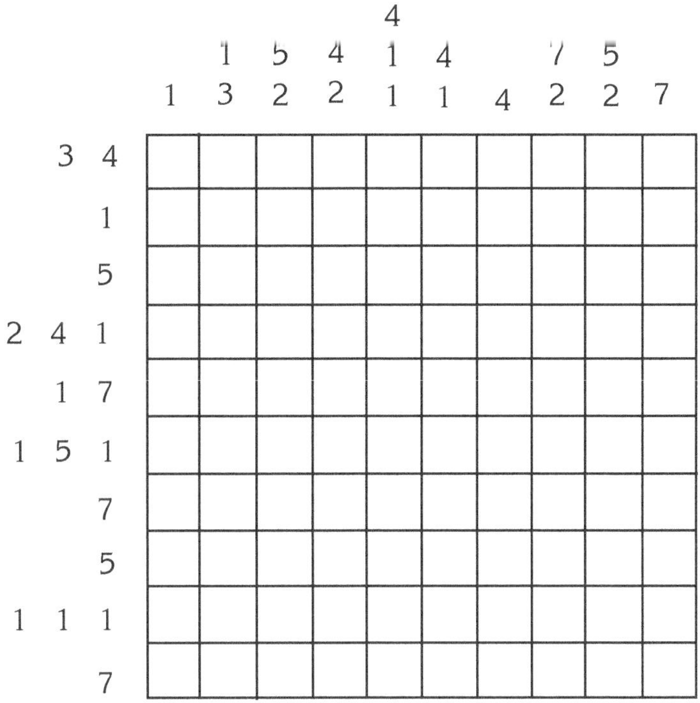

59. La memoria de Ignacio

Como de costumbre Ignacio ha olvidado los cuatro dígitos de su NIP, Número de Identificación Personal. Lo único que recuerda es que el número tenía exactamente dos dígitos idénticos (y en la misma posición) con cada uno de los cinco NIP anteriores que tuvo y que, ellos sí, los recordaba todos:

4752

8639

9735

4032

8759

Con esta información, ¿será posible que Ignacio pueda reconstruir su NIP?

60. La fiesta en el octavo piso

Para una fiesta que se va a celebrar en el octavo piso de un edificio se necesita subir 180 gaseosas desde el sótano (piso 0). El ascensor del edificio está temporalmente dañado, pero seis voluntarios (que no están invitados a la fiesta) se ofrecen subir las gaseosas a pie siempre y cuando cada uno de ellos se pueda tomar una gaseosa cada vez que suba o baje dos pisos. Además, ninguno de los voluntarios se compromete a llevar más de 30 gaseosas a la vez.

Bajo estas condiciones, ¿cuál es el mayor número de gaseosas que se podrán despachar al octavo piso?

61. Los anillos olímpicos

Hay nueve regiones dentro de los cinco anillos olímpicos.

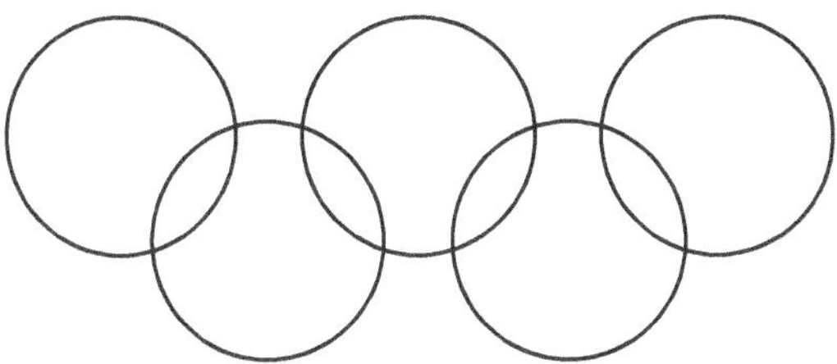

¿Puede distribuir los números de 1 a 9 en las nueve regiones de tal forma que la suma de los números dentro de cada anillo sea la misma?

¿Podría distribuirlos para que la suma sea siempre un número primo diferente?

62. Los palillos

El resultado de la siguiente expresión de números romanos formada con palillos es cinco.

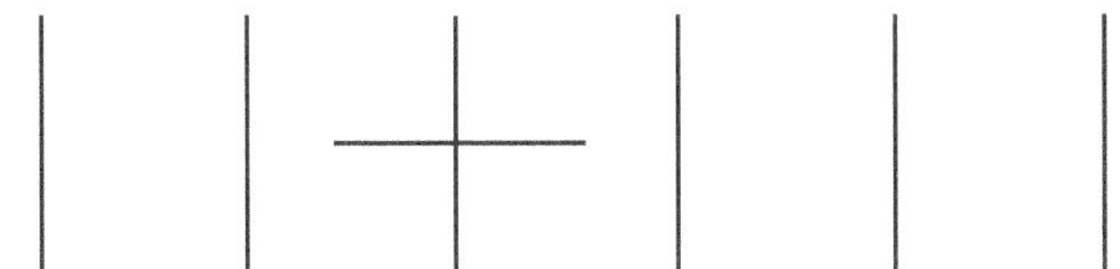

¿Puede encontrar tres maneras diferentes de cambiar la posición de uno sólo de los palillos para que el resultado sea tres y no cinco?

63. El matemago de nuevo

Un mago le pide a Federico que piense, en inglés, un número de 1 a 100.000. Él lo piensa y el mago le dice que cuente, también en inglés, las letras del número que pensó. Federico las cuenta y ahora el mago le pide que cuente, siempre en inglés, las letras del resultado que obtuvo. Él las cuenta y el mago le dice que vuelva y haga lo mismo.

—¿Cuántas veces más? —le dice Federico algo enojado.
—El número de veces que quieras, pero al menos el número de años que tienes.

A regañadientes Federico sigue contando letras y letras hasta que finalmente, cansado y de mal genio, le dice al mago:

—Ya, no sigo contando letras.
—Bueno, está bien —le contesta el mago—. Necesito que ahora escribas, sin dejármelo ver, un número cualquiera que tenga exactamente el mismo número de dígitos como el último resultado que obtuviste contando letras. La única condición es que los dígitos del número no sean todas iguales.

Federico escribió secretamente un número con tantos dígitos como el número de letras del último número en inglés al que llegó.

—¿Y ahora qué? —preguntó Federico.
—Ahora vas a escribir de mayor a menor los dígitos de ese número y, exactamente debajo de él, los mismos dígitos, pero de menor a mayor. Por ejemplo, si el último número en inglés al que llegaste fue *twenty*, entonces escribes un número de seis dígitos, que son las letras que tiene *twenty*. Digamos que escribes el número 351.589.

Ahora ordenas estos dígitos de mayor a menor y, debajo de él, de menor a mayor:

985.531

135.589

—Cuando los tengas listos, encuentras la diferencia de los dos números, que en este caso es 985.531—135.589 = 849.942. Te doy dos minutos para que hagas todo esto con tu número.

Federico, ya casi perdiendo la paciencia, le hizo caso al mago, escribió su número, lo ordenó de mayor a menor, después de menor a mayor, halló la diferencia de los números y dijo:

—Listo. Espero que después de todo este trabajo me puedas decir mi número.
—No, todavía no, pero ya casi. Necesito que nuevamente ordenes de mayor a menor, y de menor a mayor, los dígitos del último resultado que obtuviste y que encuentres la diferencia.

Federico nuevamente hizo lo que el mago le ordenó.

—¡Ya! —le dijo al mago cuando terminó.
—Bueno, pues ahora necesito que repitas esa misma operación, con los resultados que vas obteniendo cada vez, el número de veces que quieras, pero al menos un número igual a la edad que tienes. Cuando te aburras, me dices, y yo te adivino el último resultado que obtengas.

Federico tomó una calculadora y se puso a ordenar y restar números hasta que ya no dio más.

—Ya, no más, me aburrí. No hago una resta más— le dijo al mago.

—Está bien, te diré el número que obtuviste. Fue …

¿Puede usted, como el mago, decir cuál fue el número final que obtuvo Federico?

64. Círculos y cuadrados

Ubique un número entero de 1 a 10 en cada casilla desocupada de tal manera que el número en cada cuadrado sea la suma de los números en los círculos a los cuales está conectado. No es necesario utilizar todos los números del 1 al 10 y, los que use, puede utilizarlos tantas veces como quiera.

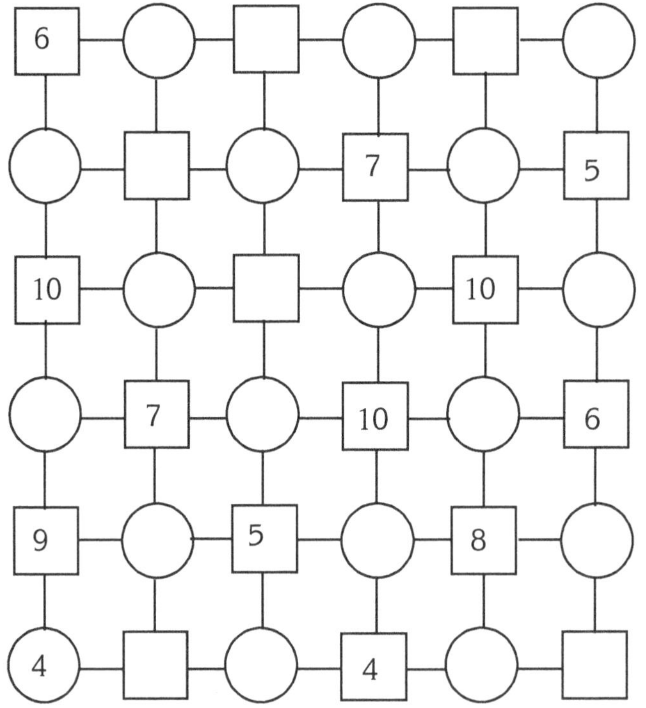

65. Las minas

Hay 35 minas escondidas en este campo. Están en las casillas sin número y hay como máximo una mina por casilla. Los números que hay en algunas de las casillas indican el número de casillas minadas vecinas (ya sea horizontal, vertical o diagonalmente) a la casilla donde se encuentra el número.

¿Puede decir dónde se encuentran las minas?

	2	2	2	2	2	2		3				
											1	
1		3		2				3		2		
					2						3	
	4		3				5		2	1		
1	4										4	
	3				2		1		3			
						3						2
2		3		2				3		2		
						2		4		2		1
	1		1	1								1

66. ¿De dónde salió?

Este triángulo fue armado con cuatro piezas:

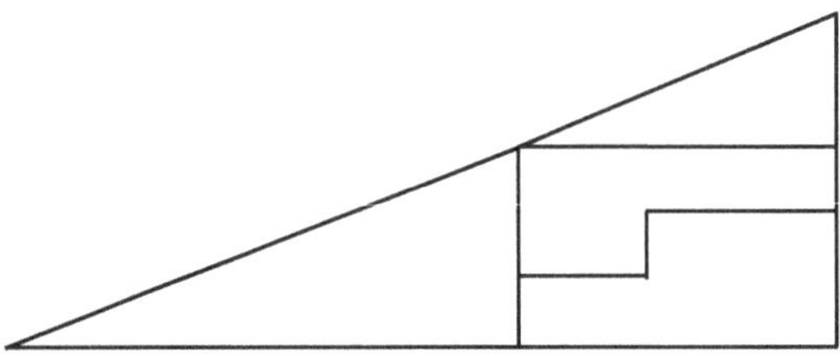

Esté triángulo idéntico fue armado con las mismas cuatro piezas y una más. ¿De dónde salió el espacio para ella?

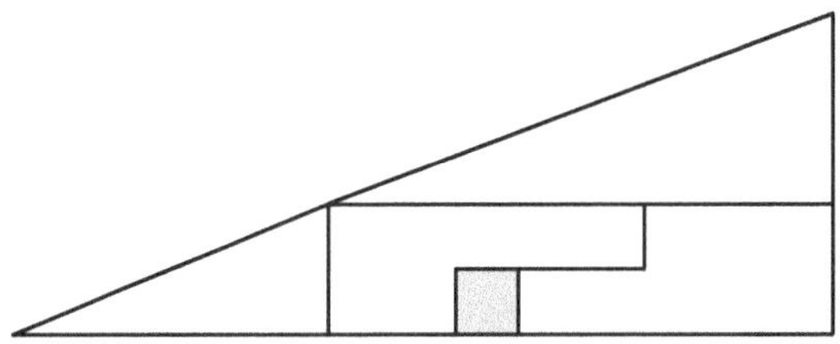

67. Las tractomulas

Tres enormes tractomulas, cargadas de arroz camino al mercado, hacen una parada en la estación *El Vergel* en la vía al Llano. Los tres conductores, Julián, Gerardo y Luis, viejos amigos, se encuentran en la cafetería y se ponen a conversar. Luis, como de costumbre, se queja de la pesada carga que lleva. Gerardo lo escucha con paciencia.

— No hermano —le dijo Julián—. Usted sí se queja demasiado. Carga la que llevo yo. Si usted me recibiera una quinta parte de las toneladas que llevo yo, y Gerardo me recibiera sólo dos toneladas, mi carga todavía sería mayor que la suya.

— Lo que llevan ustedes son plumas —interrumpió Gerardo en ese momento—. Les debía dar pena quejarse tanto. Miren que si Julián me pasa sólo una de sus toneladas en vez de dos, yo quedaría con apenas una tonelada menos de las que ahora llevarían ustedes dos juntos. Es más, basta que Luis venda una tonelada de arroz para que yo quede con el triple de las que le quedarían a él. Y aunque Julián venda diez de sus toneladas, yo todavía tendría más del doble de las de él.

Julián y Luis se miraron el uno al otro. Hicieron un poco de cuentas y se dieron cuenta de que Gerardo estaba en lo cierto.

— Sí hermano, tiene razón —le dijeron los dos casi al tiempo e igual de avergonzados—. Pida lo que quiera. Nosotros le gastamos.

¿Cuántas toneladas llevaba cada uno en su tractomula?

68. Congestión urbana

Este es el plano del centro de una ciudad. Cada cuadrado es un edificio. Los edificios tienen entre 1 y 7 pisos. En ninguna fila o columna hay dos edificios con el mismo número de pisos. Los números y la flecha correspondiente indican el número de edificios que vería una persona parada en ese lugar y mirando en la dirección de la flecha.

Determine el número de pisos de cada edificio.

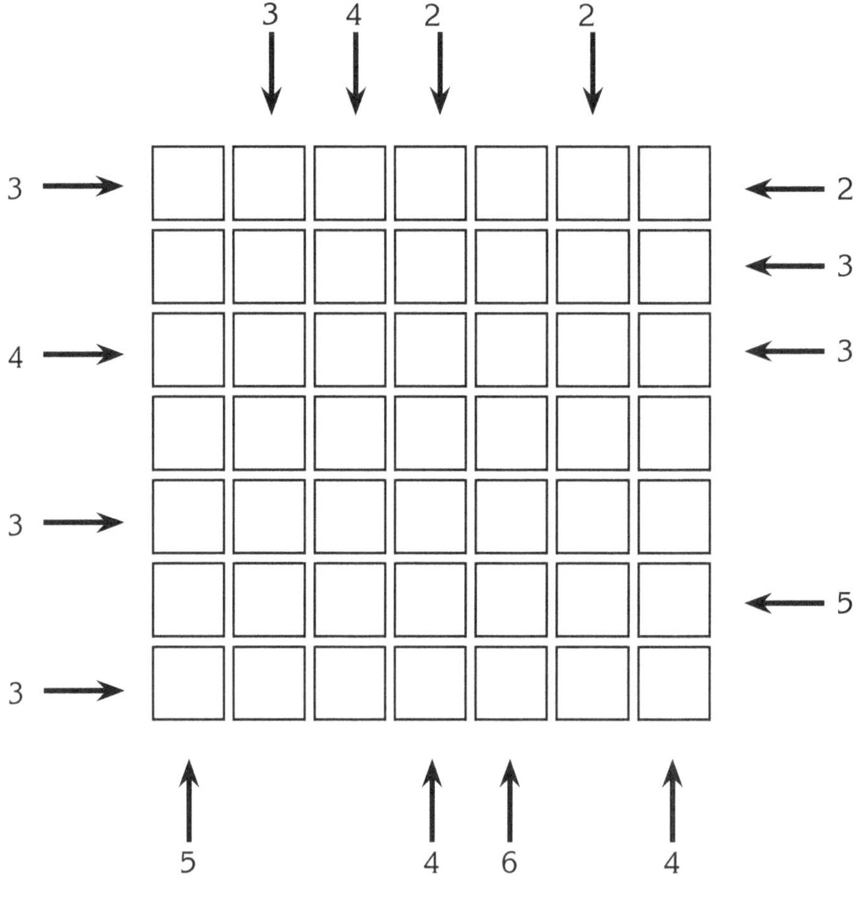

69. Números capicúas

Un número capicúa, como 1771 o 4.507.054, es un número que se lee igual al derecho que al revés. Si un número no es capicúa, casi siempre es muy fácil convertirlo en uno que lo sea. Para ello se le suma el mismo número pero invertido. Si el resultado todavía no es un número capicúa, se repite la operación con el resultado obtenido y así, tantas veces como sea necesario para que aparezca el capicúa. Si comenzamos, por ejemplo, con 43, el capicúa aparece inmediatamente: 43 + 34 = 77. En cambio si lo hacemos con 67 el asunto toma dos pasos: 67 + 76 = 143 y 143 + 341 = 484. A 77 lo llamamos el capicúa de 34 (y, por lo tanto, de 43) y a 484 el capicúa de 67 (y de 76).

¿Puede decir de qué número (menor que 100) es 363 su capicúa? ¿1111? ¿Y 4884?

70. Las ecuaciones de Erich Friedman

Haga un copia de estas siete tiras de números y símbolos y organícelos de tal manera que obtenga cuatro ecuaciones verdaderas.

71. Los hexosudokus

Con estos seis hexominós se puede formar un cuadrado de 6 x 6. Para ello puede girar las piezas pero no darles la vuelta.

Una vez armado, debe resolver el hexosudoku que encontrará, es decir, completar las casillas vacías de tal forma que cada columna, cada fila y cada hexominó del cuadrado contenga las seis caras de un dado corriente.

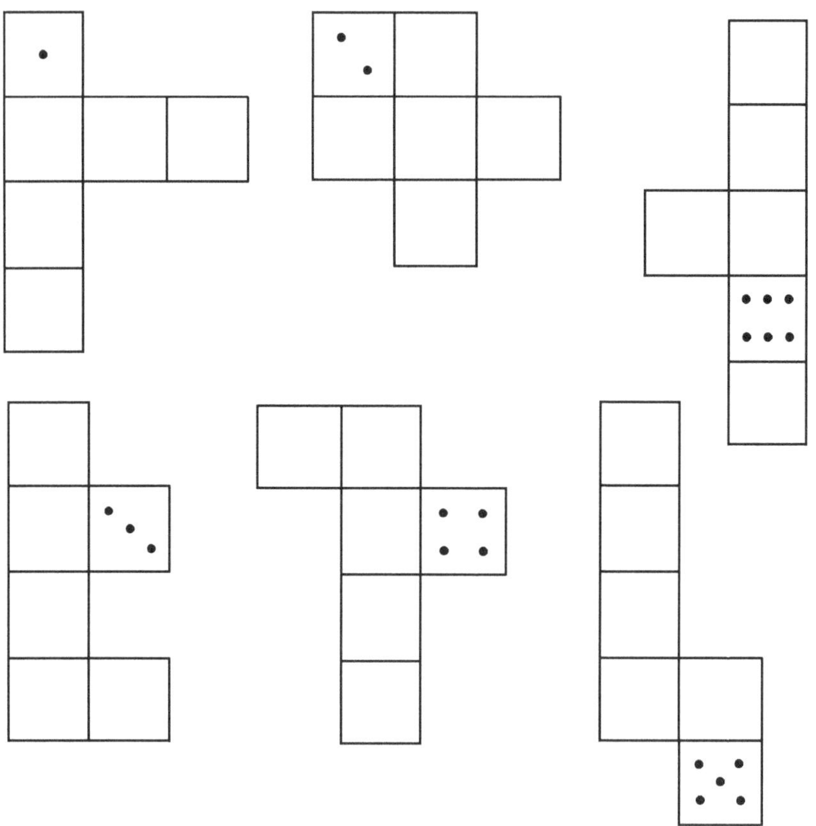

72. La pirámide de números

Coloque los números de 1 a 13 en los círculos de la figura de tal forma que la suma de cuatro números que se hallen en línea recta, sea siempre la misma.

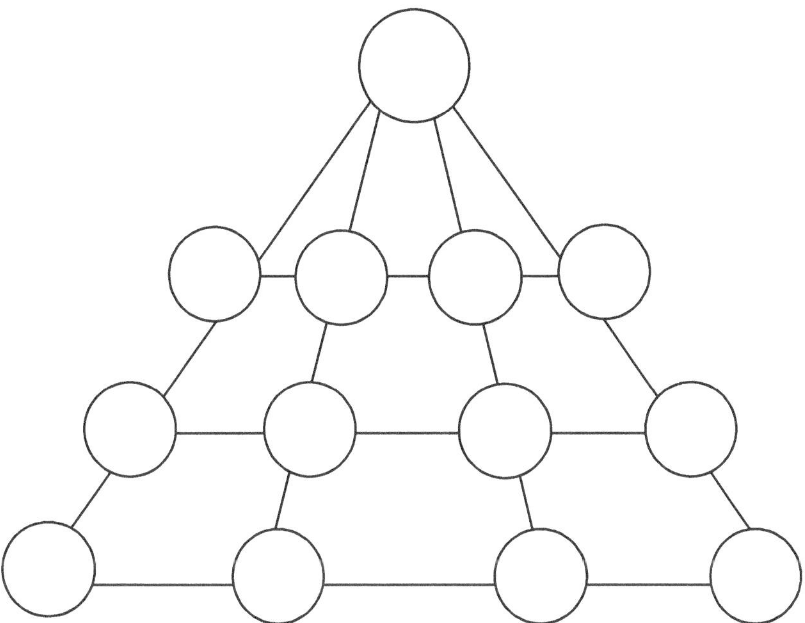

73. Discos revueltos

Mientras escribe en su computador, Juan Manuel oye todos los días los mismos 7 discos compactos que Julio le grabó con su música favorita: un disco de los *Beatles*, otro de los *Rolling Stones*, otro con música tanto de los *Beatles* como de los *Rolling Stones*, un disco de rancheras, otro de cumbias, uno de tangos y por último uno con una mezcla rara de tangos, rancheras y cumbias. Los discos vienen todos con sus estuches debidamente marcados: *Beatles, Rolling Stones, Beatles y Rolling Stones, Rancheras, Tangos, Cumbias* y, por último, *Rancheras, tangos y cumbias.* Pero los discos, a diferencia de los estuches, no llevan ninguna marca y, salvo escuchándolos, no se pueden distinguir el uno del otro.

Un día Rosita, que de tanto oírla conoce muy bien la música que oye Juan Manuel, fue a ponerle orden al desorden que tiene en su cuchitril y resolvió comenzar por organizar los discos, que hacía mucho estaban completamente revueltos. Juan Manuel ya le había dicho, quejumbroso, que "en ninguno de los discos suena *nada* de lo que dice el estuche". Rosita primero tomó el disco que encontró en el estuche marcado *Beatles y Rolling Stones* y lo escuchó todo. Luego tomó el disco en el estuche de las rancheras y oyó apenas una de sus pistas (que resultó ser un tango), e hizo lo mismo con los discos que encontró en el estuche de los tangos y en el de las cumbias, escuchando apenas una pista de cada uno y comprobando que en ninguno de los dos cantaban en inglés. Con esto ya pudo guardar cada disco en su estuche correcto y dedicarse a arreglar el resto del desorden de Juan Manuel.

¿Puede decir qué disco se encontraba en cada uno de los estuches antes de que los organizara Rosita?

74. Las parcelas

El dueño de un terreno cuadrado de 10 x 10 quiere dividirlo en 16 parcelas rectangulares. En el mapa del terreno ha señalado el área que deben tener las 16 parcelas y su ubicación aproximada: cada número debe quedar dentro de una parcela y ese número debe ser el área de la parcela.

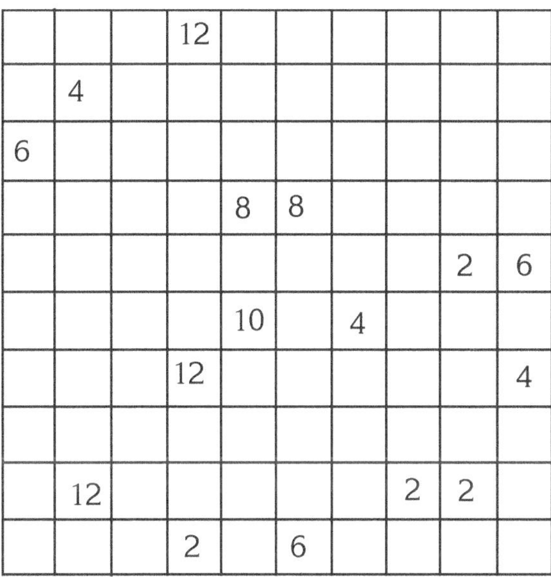

¿Puede encontrar los linderos de las 16 parcelas?

75. Puntos aislados

Examine con cuidado esta cuadrícula de 16 (4 x 4) puntos en la que cinco parejas de puntos se han conectado mediante segmentos aislando completamente a los otros seis puntos:

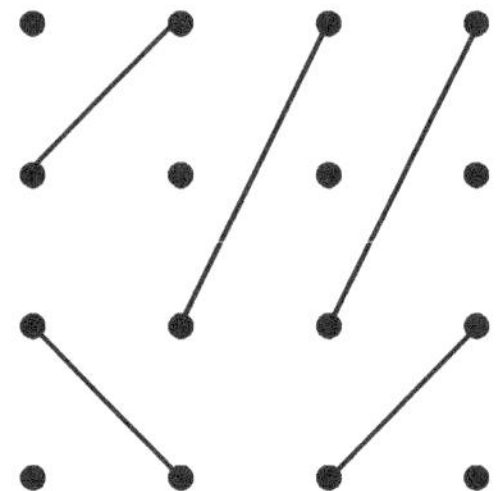

¿Cuál es el mayor número posible de puntos que se pueden aislar de esta misma manera en una cuadrícula de 36 (6 x 6) puntos?

Un punto se considera aislado si no se puede conectar con otro punto mediante un segmento recto que no se cruce con algún otro segmento ya trazado. Tenga en cuenta que ninguno de los segmentos que se utilizan para aislar los puntos de la cuadrícula puede tocar a más de dos de los puntos de la cuadrícula.

76. El reinado de belleza

Cuatro competidoras, la señoritas de Alfagonia, Betonia, Cedonia y Deltatina, llegaron a la final de concurso de Miss Io, una de las lunas de Júpiter. Cinco jueces deben decidir cuál es la ganadora. Cada uno de los jueces tenía el mismo número de votos para repartir entre las cuatro candidatas, un número menor que 12.

Todos los jueces le dieron al menos un voto a cada una de las cuatro candidatas. El total de votos que el primer juez les otorgó a las candidatas de Cedonia y Deltatina fue el mismo que el que el segundo juez les otorgó a las reinas de Alfagonia y Betonia juntas. Este último juez, además, le dio más votos a la candidata de Betonia que a todas las otras candidatas reunidas, mientras que el tercero de los jueces le dio a la candidata de Alfagonia más votos que a cualquiera de las otras. En cambio, el cuarto de los jueces le dio el mayor número de votos a la candidata de Deltatina. Cada uno de los jueces le otorgó un conjunto diferente de votos a las cuatro candidatas.

Cuando se contaron los votos, se descubrió que las cuatro candidatas habían obtenido exactamente el mismo número de votos. Se decidió entonces que la ganadora fuera la candidata a la que más jueces le hubieran otorgado más de un voto.

¿Quién fue la candidata coronada como Miss Io?

77. El triángulo de primos

Coloque todos los dígitos del 0 al 9 en las casillas de este triángulo de tal forma que en la tres esquinas haya un dígito primo, que los cuatro números (de 1, 2, 3 y 4 cifras respectivamente) de las cuatro filas sean números primos, que la suma de los dígitos en cada fila sea un primo y, finalmente, que la suma de los dígitos en el perímetro del triángulo también sea un número primo.

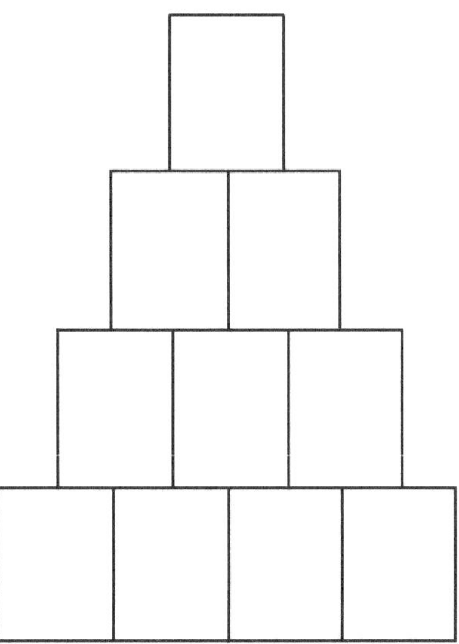

Recuerde que 1 no es un número primo y que un número nunca comienza por 0.

78. Las estampillas de Alfagonia

La administración postal de Alfagonia desea imprimir seis estampillas de diferentes valores enteros de tal forma que se necesiten a lo sumo dos de ellas para enviar cualquier remesa hasta por un valor de 20 alfaros (la moneda oficial de Alfagonia).

¿Puede encontrar 6 valores para las estampillas de Alfagonia que satisfagan las condiciones de su administración postal?

79. Otras láminas del Mundial

Mario compró un sobre de láminas del Mundial de fútbol y le salieron cuatro láminas con números consecutivos y la última lámina del álbum, la 596. Cuando le pregunté cuáles habían sido las cuatro números consecutivos no me quiso decir y apenas me dijo que eran cuatro números que tenían exactamente el mismo número de divisores.

—Dígame al menos cuántos divisores son —le dije.
A regañadientes me dijo que seis.

¿Cuáles fueron las cuatro láminas con números consecutivos que encontró Mario en el sobre?

80. La culebra y el cazador

El hombre no deja de jugar porque envejece sino que envejece por dejar de jugar, escribió el dramaturgo y polemista irlandés George Bernard Shaw. Para terminar esta vuelta al mundo en ochenta juegos y acertijos he aquí un juego que inventó Ignotus ya hace algún tiempo pero el que todavía no ha podido descifrar.

La culebra y el cazador se juega en una cuadrícula de 9 x 9 puntos. En la primera parte, uno de los dos jugadores, *la culebra,* comienza uniendo, mediante un segmento vertical u horizontal, nunca diagonal, dos puntos vecinos de la cuadrícula. El otro jugador, *el cazador,* debe ahora unir con otro segmento horizontal o vertical uno de los puntos extremos del primer segmento con otro punto vecino. Si los dos jugadores continúan de esta forma se va formando la culebra. En ningún momento la culebra puede morderse a sí misma.

El objetivo del primer jugador, es decir, de *la culebra*, es sobrevivir el mayor tiempo posible mientras que el para el segundo jugador, *el cazador*, su objetivo es que la culebra muera lo más rápido posible. La culebra muere cuando no puede alargarse por ninguno de sus dos extremos, como la culebra de la figura, formada de 36 segmentos.

En la segunda parte del juego los jugadores cambian de papeles y se repite el juego. El ganador de *La culebra y el cazador* es el jugador cuya culebra haya sido la más larga según el número de segmentos de cada una.

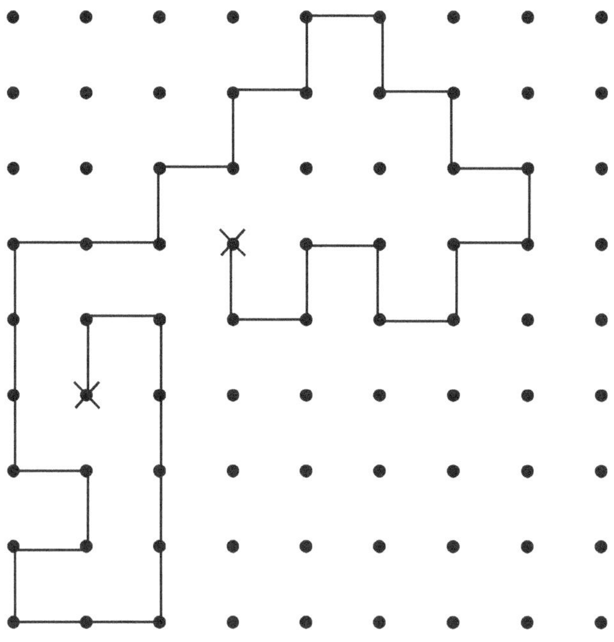

II.

Baúl de pistas

Primos y cuadrados en fila

No tendrá mucha dificultad en resolver la primera parte del problema porque tiene muchas soluciones diferentes. La segunda parte, en cambio, tiene básicamente sólo una por lo cual lo primero que tiene que hacer es decidir qué números van en los extremos de la figura.

2. Dime con quién andas y te diré quién eres

Observe que solamente uno de los estudiantes tiene amistad con otros cinco estudiantes del grupo. Esto permite identificarlo con facilidad.

3. Nueve números

El problema es equivalente a factorizar el número $9! = 362,880 = 2^7 \times 3^4 \times 5 \times 7$ en nueve factores cuya suma sea 45.

4. Un millón de términos

Esta no es la famosa serie de Fibonacci en la que todos los términos, a partir del tercero, son la suma de los dos anteriores. No es, pero se parece. ¿O no?

5. De compras

El asunto tiene que ver, más que nada, con las distintas maneras de factorizar a 711.

10. Pentosudoku

El primer número que puede colocar es un 5. ¿Dónde?

12. La cédula de Adriana

Recuerde que un número es divisible por 3 si la suma de sus dígitos también lo es y, de la misma manera, es divisible por 9 si la suma de sus dígitos es divisible por 9. Esto le facilita la búsqueda del número deseado.

16. La fiesta bailable

De un solo vistazo, ya debe saber con quiénes deben ir a la fiesta Gabriel y Josefina. Esto le ayudará a deducir las demás parejas.

17. Números económicos

Los números son *económicos* cuando tienen factores con potencias elevadas, como 3.584 que es divisible por $512=2^9$. El asunto, entonces, es encontrar un par de números consecutivos que tengan entre sus factores tales potencias.

18. Números saltarines

Intente factorizar los números de la secuencia, especialmente a partir del momento de que dejan de ser los cuadrados perfectos.

19. Vuelta olímpica

Alrededor de un círculo coloque los números de 1 a 32 y una mediante una línea dos de ellos si su suma es un cuadrado perfecto. Ahora trate de encontrar un camino que, partiendo del 1, pase una vez por todos los otros números y regrese al 1.

26. El matemago

Siendo esta una magia matemática, y teniendo en cuenta que el único contacto que hay entre él y su asistente es a través de las cuatro cartas que le pasa por debajo de la puerta, tiene que ser el *orden* en que le pasa las cartas que el mago deduce el número de la carta con la que se quedó el miembro del público.

28. Cuadrado Latino

Observe que en la última columna sólo hay un lugar, la casilla encima del 1, disponible para colocar el 2 que le corresponde a esa columna.

29. Los productos

En la columna en cuya base se encuentra el 14 debe haber dos números cuyo producto es 14. Sólo hay dos posibilidades, que los números sean 14 y 1, o que sean 7 y 2. En cualquier caso, de estas parejas, el múltiplo de 7 debe quedar ubicado en la fila en cuyo extremo derecho se encuentra otro múltiplo de 7, el 42. Esto ya es una ayuda considerable.

35. El tablero minado

Antes de comenzar a buscar un recorrido que pase por todas las casillas del tablero libres de trampas, le conviene identificar todas aquellas casillas que tienen solamente dos posibles accesos, uno para entrar y otro para salir. Las cuatro casillas de las esquinas, por ejemplo, solamente tienen dos accesos y como ellas hay varias otras.

42. Una conversación en el ciberespacio

Comience investigando qué forma tiene un número que tiene exactamente 16 divisores diferentes. Aquí le ofrecemos dos números que tienen, cada uno, 16 divisores: 210 y 216.

44. Los buses

¿Cuántos buses vería pasar Felipe si toma el bus que sale de Bogotá a las 5 AM?

48. Las amigas

Imagínese que no eran 15 sino 6 las amigas en el salón. ¿Habrían podido tener las seis un número diferente de amigas?

60. La fiesta en el octavo piso

Como los voluntarios se toman una gaseosa cada vez que suben o bajan dos pisos, pues no es necesario subir las gaseosas que se van a tomar a la bajada. Esto ahorra algo de trabajo.

66. ¿Está seguro que lo que ve son dos triángulos?

68. Comience por ubicar por lo menos algunos de los edificios de siete pisos.

72. Averigüe primero que todo cuál número debe ir en la cúspide de la figura.

76. Comience por determinar cuál fue el número de votos que cada juez tenía.

III.

Soluciones y variantes

Primos y cuadrados en fila

Hay varias maneras de ubicar los números de 1 a 16 en una fila para que la suma en dos de ellos que hayan quedado uno detrás del otro sea siempre un número primo. Una de ellas es ésta:

11 12 1 2 3 4 7 6 5 8 9 14 15 16 13 10

El asunto es más difícil cuando se trata de organizarlos para que la suma de dos vecinos sea siempre un cuadrado perfecto. En ese caso la solución es básicamente única ya que en los extremos necesariamente hay que ubicar a los números 8 y 16 pues cada uno estos números tiene sólo un número con el que puede quedar de vecino:

8 1 15 10 6 3 13 12 4 5 11 14 2 7 9 16

2. Dime con quién andas y te diré quién eres

La correspondencia entre los dos grafos es la siguiente:

(A, 10)   (B, 12)   (C, 3)   (D, 7)   (E, 6)   (F, 1)

(G, 4)   (H, 9)   (I, 2)   (J, 8)   (K, 5)   (L, 11)

3. Nueve números

Los nueve números, 1, 2, 4, 4, 4, 5, 7, 9 y 9, también suman 45 y su producto es el mismo 9! = 362,880.

Este acertijo es del japonés Nobuyuki Yoshigahara.

4. Un millón de términos

A partir del tercero, cada término es igual a la suma digital de los dos anteriores. El octavo término, por lo tanto, es igual a 12 (porque 8 + 1 + 3 = 12), mientras que el noveno es 7 (porque 1 + 3 + 1 + 2 = 7). De esta forma la secuencia sigue así:

1, 1, 2, 3, 5, 8, 13, 12, 7, 10, 8, 9, 17, 17, 16, 15, 13, 10, 5, 6, 11, 8, 10, 9, 10, 10, 2, 3, 5, 8 …

y de ahí en adelante se repite indefinidamente el mismo bloque de 24 términos que comienza por 2, 3, 5 y 8. El millonésimo término, por lo tanto, depende de cuántos de estos bloques ocurren antes de llegar a un millón de términos. Como 41.666 x 24 = 999.984, y hay dos términos iniciales que no se repiten, entonces el término 999.987 es nuevamente el comienzo del bloque 2, 3, 5,… El millonésimo término es por lo tanto 15.

5. De compras

Si convertimos el precio de los cuatro productos a centavos de euro y multiplicamos estos cuatro números el resultado será 711.000.000. Este número se factoriza en factores primos como 2^6 x 3^2 x 5^6 x 79. El problema ahora es factorizar este número en cuatro números cuya suma sea 711. Un poco de experimentación arroja estos cuatro números: 125 = 5^3; 120 = 2^3 x 3 x 5; 316 = 2^2 x 79 y 150 = 2 x 3 x 5^2. Los cuatro precios fueron, por lo tanto, E 1,25; E 1,20; E 1,50 y E 3,16.

6. Cuadrado trágico

En ningún caso el número en una casilla es igual a la suma de dos o más de sus vecinos.

¿Es posible ubicar los números de 1 a 25 en un tablero de 5 x 5 casillas de tal forma que el número en ninguna casilla sea la suma de dos o más de sus vecinos?

Ignotus no sabe.

7. Smaus rveletuas

La suma original era:

$$
\begin{array}{r}
71.785 \\
42.569 \\
+\ 84.397 \\
\hline
198.751
\end{array}
$$

8. Pirámide

Una posible solución es la siguiente:

$$
\begin{array}{ccccccc}
 & & & 59 & & & \\
 & & 36 & & 23 & & \\
 & 29 & & 7 & & 16 & \\
25 & & 4 & & 3 & & 13
\end{array}
$$

Todos los números no habrían podido ser primos (¿por qué?). ¿Habrían podido ser todos cuadrados perfectos? Ignotus no sabe, y tampoco sabe si 59 es lo más pequeño que puede ser el número de la cúspide de la pirámide.

9. Los doce pentominós

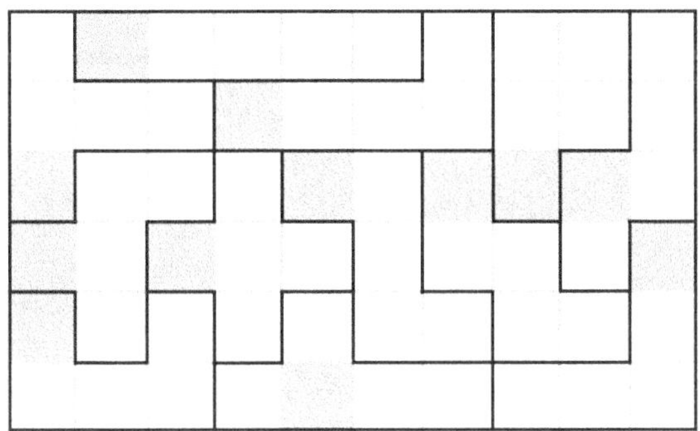

10. Pentosudoku

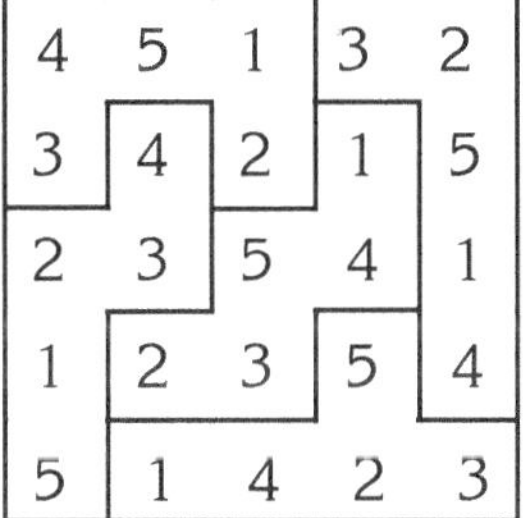

11. Números madrugadores y perezosos

Los dos matemáticos que nacieron y murieron en años madrugadores fueron Isaac Newton y Richard Dedekind.

Isaac Newton:

$$...64064\mathit{1642}643644...$$
$$...676869707\mathit{1727}37475767778...$$

Richard Dedekind:

$$...179180181182\mathit{183}184185186187...$$
$$...161716181619\mathit{1916}2016211622...$$

Fermat y Erdös nacieron ambos en años madrugadores pero murieron en años perezosos. Leibniz murió en un año madrugador pero nació en uno perezoso. Gauss, por su parte, nació y murió en años perezosos.

12. La cédula de Adriana

El número de 8 cifras más grande con esta propiedad es 98.765.456. El número más grande con una propiedad similar tiene 25 cifras: 3608528850368400786036725.

13. El estuche

El estuche rectangular más pequeño en el que se pueden acomodar los cuadrados de con lados 1, 2, 3 hasta 10 es uno de 15 x 27 unidades.

14. Un corral con los pentominós

El corral rectangular de mayor área que se puede cercar con los doce pentominós es este con área de 90 unidades cuadradas (9 x 10)

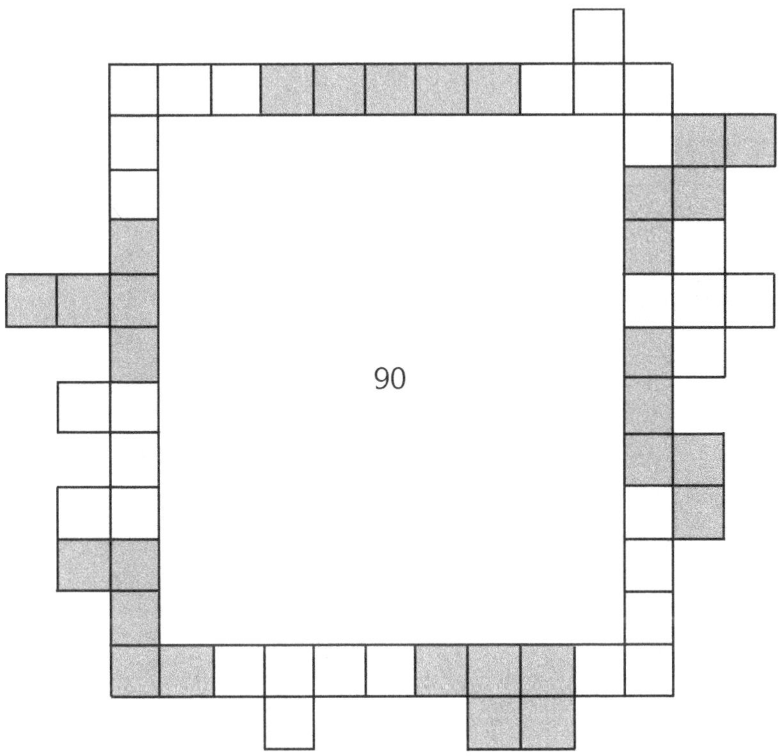

Si el corral no tiene que ser rectangular entonces éste puede tener un área de 128 unidades cuadradas.

¿Es posible cercar un corral de cualquier área entre 1 y 128 unidades cuadradas?

Ignotus no sabe.

15. Las tejedoras de retazos

Valentina tejió nueve retazos cuadrados de dimensiones 1 cm^2, 2 cm^2, ... hasta 9 cm^2. Por su parte, Sofía tejió cinco retazos también cuadrados de dimensiones 1 cm^2, 2 cm^2, ... hasta 5 cm^2. Con los 14 retazos, cosieron una colcha rectangular de 17 x 20 cm^2.

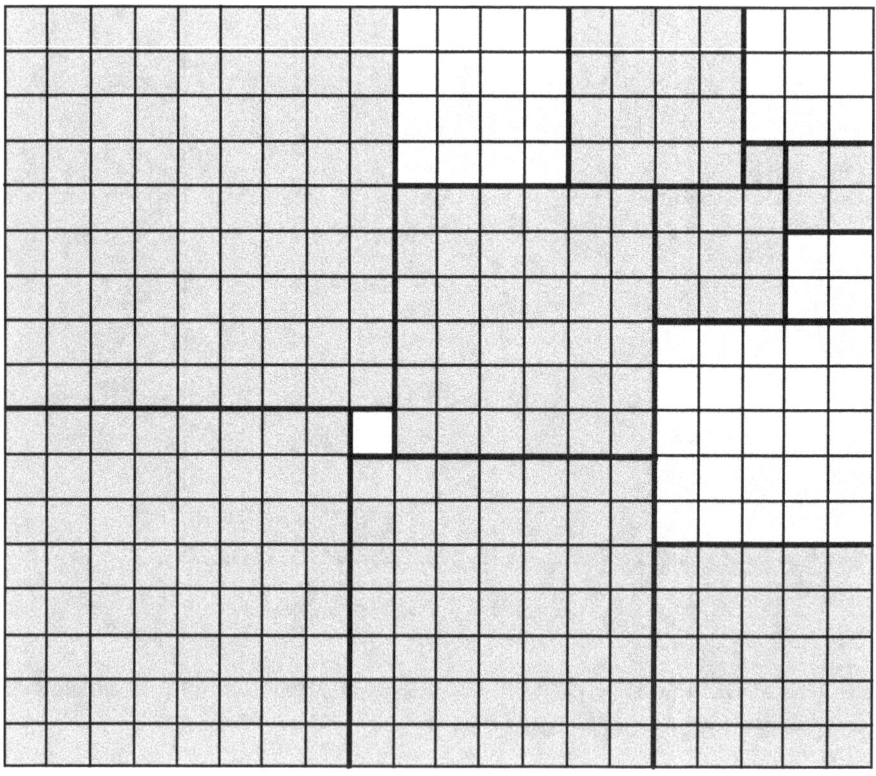

16. La fiesta bailable

Para comenzar, es fácil ver que Jaime y Josefina irán juntos a la fiesta de Adriana, lo mismo que Guillermo y Berta. Como Imelda sólo se entiende con Jaime y Camilo, y el primero de ellos ya está comprometido, tendrá que ir a la fiesta con Camilo. De igual manera, Eduardo irá a la fiesta con Clara pues su otra amiga, Berta, ya tiene parejo. Y como de los tres amigos de Gaby, Camilo y Jaime ya tienen su pareja, ésta tendrá que ir a la fiesta con Hugo, lo que obliga a Hortensia a ir con Fernando y a Ana con Bernardo. Florencia, por lo tanto, irá con Daniel pues todos sus otros amigos tienen otra pareja.

17. Números económicos

Los primeros dos números consecutivos que son ambos números económicos son 4374 y 4375. La descomposición en factores primos de cada uno de ellos emplea apenas tres dígitos, uno menos que los utilizan los mismos números ($4374 = 2 \times 3^7$; $4375 = 5^4 \times 7$).

Esta es la secuencia A047738 de la Enciclopedia de secuencias enteras de N. J. A. Sloane.

18. Números saltarines

El n-ésimo término de la serie se obtiene multiplicando n por el número que se obtiene invirtiendo los dígitos de n. Ello explica que sus primeros nueve términos sean los números cuadrados perfectos. El décimo término, sin embargo es 10 porque $10 \times 01 = 10$ y el vigésimo 40 porque $20 \times 02 = 40$. El centésimo término, por lo tanto, es 100 pues $100 \times 001 = 100$.

19. Vuelta olímpica

Esta es la manera de manera de organizar a los 32 atletas alrededor de un círculo de tal manera que dos atletas vecinos tengan camisetas cuyos números sumen un cuadrado perfecto. El número 32 es el más pequeño con el que se puede hacer esta maroma.

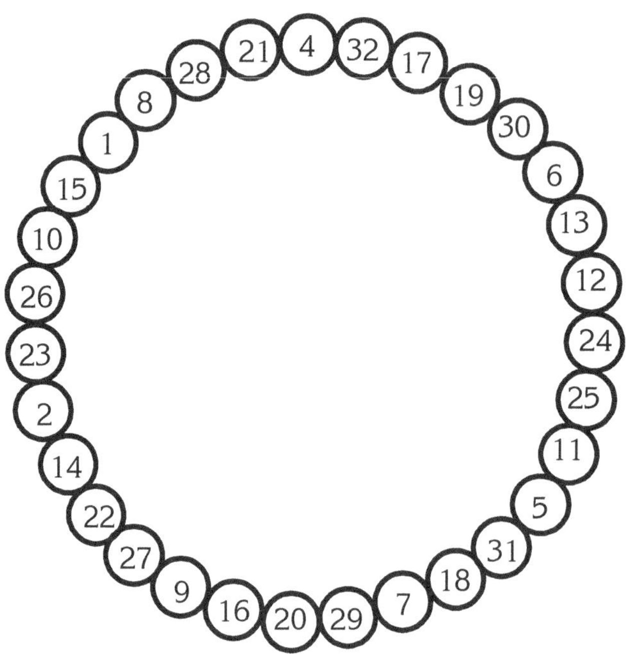

20. Palabras, palabras

Todas son palabras que tienen sus letras en orden alfabético.

21. Los triángulos de Kobon

Con ocho líneas rectas es posible conseguir quince triángulos:

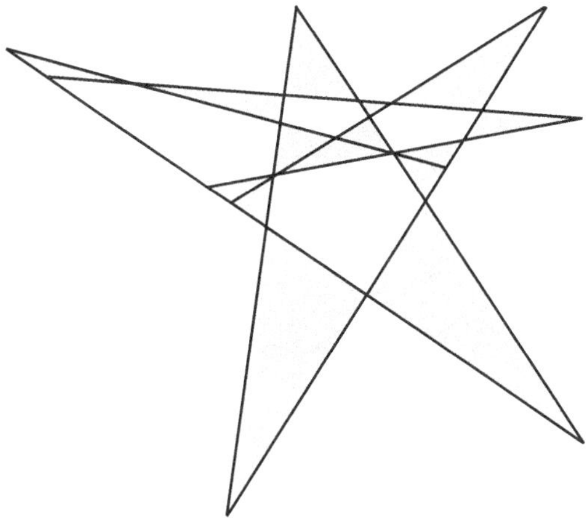

Con nueve líneas el número de triángulos posibles es 21. El problema general para un número cualquiera de líneas rectas permanece sin resolver completamente. Más información sobre el mismo se puede consultar en *www.mathworld.com*.

22. Abejas celosas

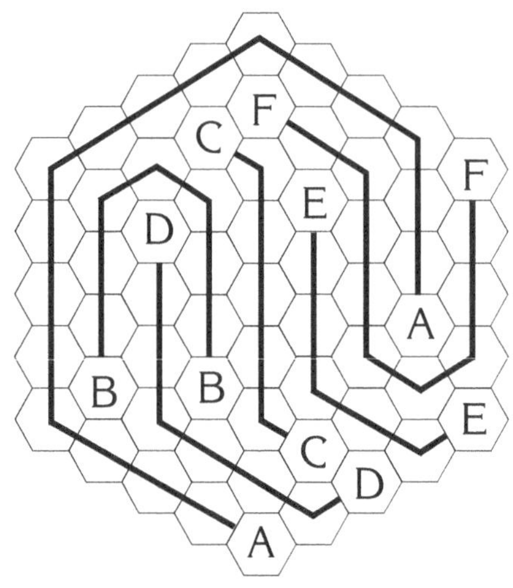

23. Novios celosos

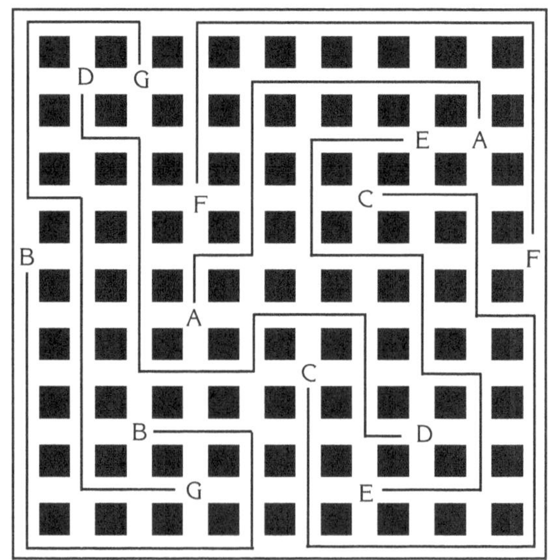

24. Los árboles de Navidad

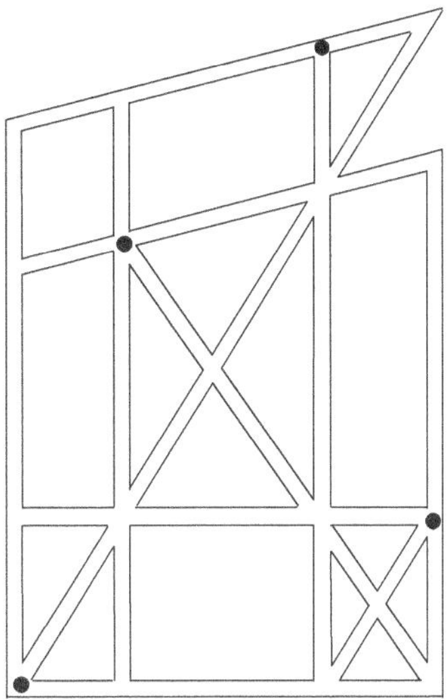

25. Hermanos primos

La única respuesta razonable es que Álvaro haya nacido en 1931, se haya casado en 1949 a los 18 años y se haya retirado de su trabajo en 1997, a los 66 años. Los números 1931, 1949 y 1997 son todos primos, como lo son los correspondientes años de nacimiento, matrimonio y retiro de su hermano menor: 1933, 1951 y 1999.

26. El matemago

El asistente del mago utiliza el orden en que le entrega las cartas al mago para transmitirle a éste cuál fue el número en la carta con lo que el miembro del público se quedó. Para ello, el mago y su asistente acuerdan que si éste le pasa las cartas boca abajo, el número estuvo entre 1 y 24 y si se las pasa boca arriba, entonces la carta estuvo entre

25 y 48. Ahora bien, cuando el mago recibe las cartas, las examina con cuidado sin ir a alterar el orden en que las recibió y les asigna a cada una de ellas un valor de 1 a 4 de la siguiente forma: a la carta de menor valor, 1; a la carta con el segundo menor valor, 2; a la carta con el tercer menor valor, 3; y finalmente a la carta con el valor mayor, 4. Las cuatro cartas entonces, quedan identificadas con alguna de las 24 permutaciones de los números 1 a 4. Previamente mago y asistente han acordado que cada una de estas permutaciones representa un número de 1 a 24, si las cartas fueron entregadas boca abajo, o de 25 a 48, si fueron entregadas boca arriba.

Permutación	Número (boca abajo)	Número (boca arriba)
1234	1	25
1243	2	26
1324	3	27
1342	4	28
1423	5	29
1432	6	30
2134	7	31
2143	8	32
2314	9	33
2341	10	34
2413	11	35
2431	12	36
3124	13	37
3142	14	38
3214	15	39
3241	16	40
3412	17	41
3421	18	42

4123	19	43
4132	20	44
4213	21	45
4231	22	46
4312	23	47
4321	24	48

De esta manera el asistente le puede comunicar con absoluta precisión cuál fue la carta con la que se quedó el miembro del público.

Veamos un ejemplo. El miembro del público retira las siguientes cinco cartas: 7, 13, 20, 31 y 42. Después de examinarlas opta por quedarse con la carta 31 y le entrega las demás al asistente. Éste ya sabe que debe entregarle las cuatro cartas al mago boca arriba para que sepa que es un número mayor que 24. Además, de acuerdo con la tabla, al 31 le corresponde la permutación 2134, es decir, el asistente deberá entregarle las cuatro cartas con las que se quedó (7, 13, 20 y 42) en el siguiente orden: 13, 7, 20 y 42.

27. La constelación

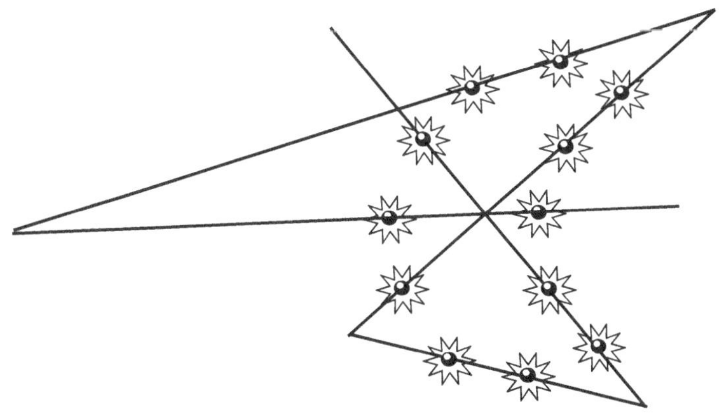

28. Cuadrado latino

2	6	3	1	4	5
5	1	6	3	2	4
1	2	4	6	5	3
4	3	1	5	6	2
6	4	5	2	3	1
3	5	2	4	1	6

29. Los productos

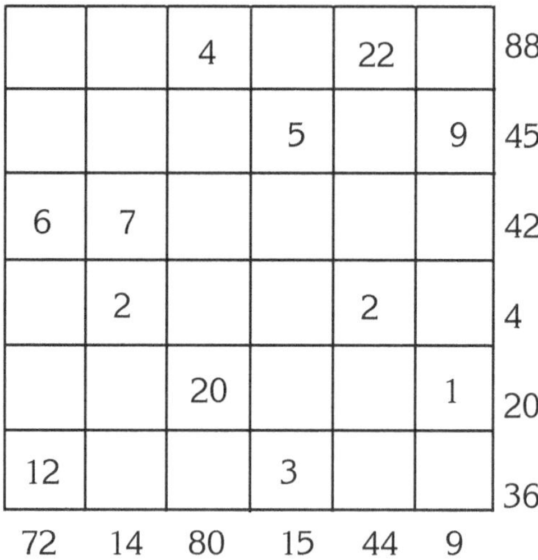

		4		22		88
			5		9	45
6	7					42
	2			2		4
		20			1	20
12			3			36
72	14	80	15	44	9	

30. Un nonominó

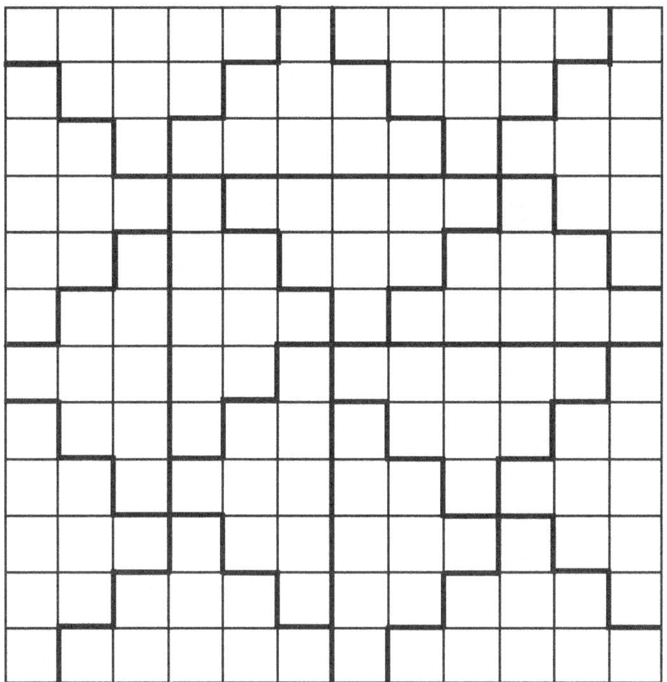

31. Más o menos

El juego de *Más o menos* tarde o temprano tendrá un ganador, pues si no lo ha habido a la altura del centésimo turno, a quién le corresponda ese turno obligatoriamente le toca colocar 100 canicas en la vasija, convirtiéndose en el ganador.

Ignotus no conoce un estrategia ganadora para ninguno de los dos jugadores de este juego.

32. Fracciones pandigitales

$$\frac{1}{3 \times 6} + \frac{5}{8 \times 9} + \frac{1}{2 \times 4} = 1$$

Este es otro acertijo del japonés Nobuyuki Yoshighara.

33. Verdadero falso

Con los resultados de los exámenes de Adriana, Blanca y Carolina, Pulido desafortunadamente no pudo deducir las respuestas correctas a las diez preguntas del examen, pues encontró tres formas distintas de contestarlas consistentes con las resultados que obtuvieron Adriana, Blanca y Carolina:

1.	V	V	V
2.	F	F	F
3.	V	F	F
4.	V	V	V
5.	F	V	F
6.	F	F	F
7.	V	V	V
8.	F	F	F
9.	F	F	V
10.	V	V	V

Cuando Pulido le contó esto a Fernández, éste iba entrando en pánico, pero se tranquilizó cundo Pulido le dijo que en cualquiera de los tres casos, Daniela habría tenido 4 respuestas correctas.

Este es otro acertijo de Nobuyuki Yoshigahara.

34. Las monedas de Gustavo y María

María tenía 60 monedas:

35. El tablero minado

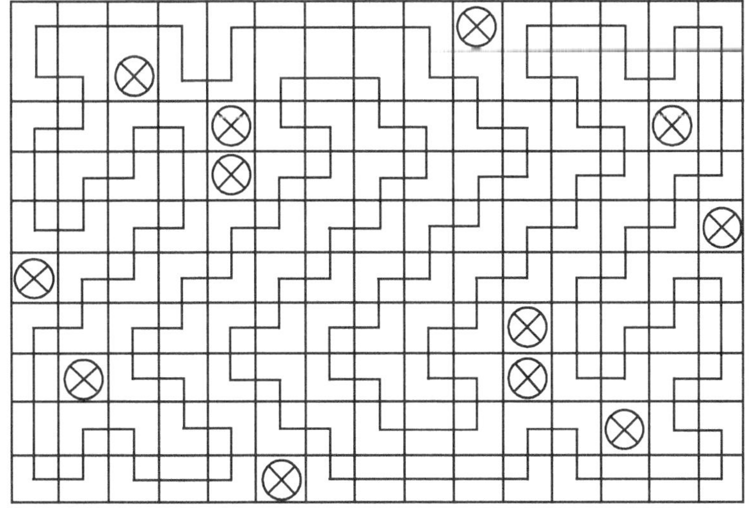

36. El vidrio roto

Si solo uno de los cuatro amigos dice la verdad, entonces ese es David y todos los demás mienten. Por lo tanto el responsable fue Bernardo que afirmó no haber roto el vidrio.

Obsérvese que si, por ejemplo, Andrés dijo la verdad, entonces Bernardo también. Esto no es posible según lo dicho por el profesor de música. Los otros casos se descartan de una manera similar.

37. El censo

La edad del abuelo es 89, la del padre 49, la de su esposa 36, la de su hijo 9 y la de su hija 4.

38. El reloj de Ignacio

Como Ignacio averiguó la hora exacta apenas llegó a la casa de su amigo, y luego cuando salió de ésta, pudo saber exactamente cuándo permaneció en ella. Al llegar a su propia casa, miró en su reloj cuánto tiempo había transcurrido desde que salió a la casa de su amigo. A esta cantidad le restó el tiempo que permaneció allá, y dividió el resultado por dos para averiguar cuánto se demoró en cada uno de los trayectos de ida y vuelta. Esta cantidad se la sumó a la hora en que salió de la casa del amigo y con ella puso su reloj en la hora correcta.

39. Sólo entre primos

$$
\begin{array}{r}
775 \\
\times \quad 33 \\
\hline
2325 \\
2325 \\
\hline
25575
\end{array}
$$

40. Un clásico ruso

El pasajero que vivía más cerca del conductor no era Petrov, y tampoco vivía en Moscú o Leningrado. Es decir, este pasajero no era Ivanov y, por eliminación era, entonces, Sidorov.

Como el pasajero de Leningrado no era Ivanov, por elimimación tenía que ser Petrov, y éste era también el apellido del conductor. Como Sidorov no es el bombero, por eliminación él era el ingeniero.

Este es uno de los *Acertijos de Moscú*, del ruso Boris A. Kordemsky.

41. El torneo de fútbol

Si no supiéramos que en el torneo "se anotaron casi 40 goles", es decir, menos de 40, habría varias soluciones posibles para este problema de John Owen, publicado en el Sunday Times de Londres. Al saber que fueron menos de 40, la única solución posible es la siguiente con 38 goles en total:

Azules 3   Blancos 7
Azules 13   Colorados 12
Blancos 0   Colorados 3

42. Una conversación en el ciberespacio

La única manera de que un número no divisible por un cuadrado perfecto tenga 16 divisores es que sea exactamente el producto de cuatro primos diferentes. No son muchos los años en el último siglo que son el producto de cuatro primos diferentes:

$1914 = 2 \times 3 \times 11 \times 29$
$1938 = 2 \times 3 \times 17 \times 19$
$1974 = 2 \times 3 \times 7 \times 47$
$1995 = 3 \times 5 \times 7 \times 19$
$2002 = 2 \times 7 \times 11 \times 13$

Alfredo encontró estas cinco posibilidades y quiso saber si el año en que se graduó Catalina era par o impar. Al negarse ésta a responder porque "podrías averiguar en que año me gradué", Alfredo dedujo inmediatamente que se había graduado en 1995, el único impar de los cuatro números. Esto también lo habría deducido Alfredo si Catalina le responde "impar", mientras si le responde "par", no habría podido saber en cuál de los años pares pudo haberse graduado.

43. Un poliminó con agujeros

El siguiente poliminó de orden 45, descubierto por el profesor Hernando Díaz de la Institución Educativa Ciudad de Bogotá. y comunicado a Ignotus por Vicky Pabón, contiene cinco agujeros idénticos a los cinco tetraminós:

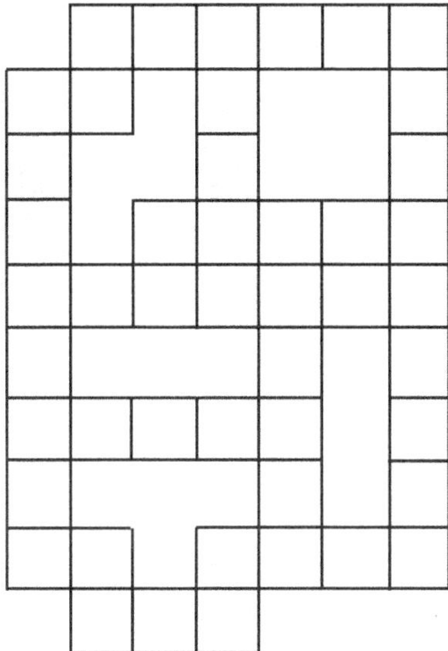

¿Cuál es el poliminó de orden más pequeño que contiene a los doce pentominós? Ignotus conoce una solución de orden 115 pero no sabe si es la más pequeña.

44. Los buses

Felipe salió de Bogotá a Tabio en el bus de las 5:10 de la mañana y se regresó en el de las 9:30 PM.

Veamos. Si Felipe toma el bus que sale de Bogotá a las 5 de la mañana, en su recorrido verá pasar seis buses en sentido contrario: los que salen de Tabio a las 5, 5:10, 5:20, 5:30, 5:40 y 5:50. Si toma el siguiente bus, el de las 5:10, ve pasar siete buses: todos los anteriores, más el que sale a las 6. De ahí en adelante el número de buses que ve pasar, va aumentando hasta un máximo de once buses.

En el viaje de regreso de Tabio a Bogotá por la noche, el número de buses que vería pasar normalmente también es once, pero comienza a reducirse a partir de las 9:20 PM. En efecto, si toma el bus que sale a Bogotá a esta hora, verá sólo diez buses, los que salieron a las 8:30, 8:40, 8:50, 9:00, 9:10, 9:20, 9:30, 9:40, 9:50 y 10 AM. Si sale a Bogotá diez minutos más tarde, a las 9:30, sólo vera nueve buses, los que salieron hacia Tabio a las 8:40, 8:50, 9:00, 9:10, 9:20, 9:30, 9:40, 9:50 y 10 AM.

45. El dominó de María Lucía

La multiplicación más grande que se puede conseguir con los dominós es la siguiente:

es decir:

$$65 \times 64 = 4160$$

46. Seis asuntos de afán

1. $2^6 - 63 = 1$
2. En números romanos 12 se escribe *XII*. La mitad de esto es *XII*, o sea, *VII*, es decir, 7.
Por otro lado la mitad de 12, en base 12, es 7. En efecto: $12_{12} = 14$ y $14/2 = 7$.
3. La letra q. La serie está compuesta para la primera letra de los nombres de los números: uno, dos, tres,…

4. Al número 4650738 le sigue 4650739, ¿o no?

5. Tiene cuatro. (Si no cree, cuéntelas.)

6. Los números consecutivos 9.999 y 10,000 tienen ambos como suma digital un cuadrado perfecto.

47. La M

48. Amigas

El máximo número de amigas dentro del salón que puede tener cualquiera de la niñas es 14. Si las 15 niñas del salón tienen un número diferente de amigas es porque, en algún orden, el número de amigas que tienen las niñas del salón es 0, 1, 2, 3, ... hasta 14. Esto es imposible porque la niña que tiene 14 amigas es amiga de todas la niñas del salón, así que no es cierto que en el salón hay una niña que tiene 0 amigas.

49. La caja fuerte

Se necesitan once candados.

Primero que todo debe haber un candado del que cada uno de los cinco directores tenga la llave pero el presidente no.

Por otro lado, para cualquiera de las 10 parejas de dos directores que hay, debe haber un candado diferente cuya llave no tienen esos dos directores, pero sí cada uno de los otros tres directores y el presidente. Esto significa que cada director tiene seis llaves (las llaves de los candados del que no tienen llave cada una de las seis parejas de directores de las que él no es miembro) y la llave del candado del que el presidente no tiene llave.

50. Una perla de Yakov Perelman

Si hacemos que X sea el número inicial de rublos y Y, el número de kopeks, toda la historia se resume en esta ecuación:

$$3(100Y + 20X) = 100X + 20Y.$$

Esta ecuación se convierte en $X = 7Y$ que, por supuesto, tiene infinidad de soluciones. Sin embargo, la única que se ajusta a las condiciones del problema es cuando $X = 14$ y $Y = 2$, es decir, que la cantidad inicial de dinero era de 14 rublos y 40 kopeks, y la cantidad final, 2 rublos y 280 kopeks (14 x 20), es decir, 4 rublos y 80 kopeks. Esto significa que el costo de las compras fue $14,40 - 4,80 = 9$ rublos y 60 kopeks.

51. La carrera

El ganador será nuevamente Julián. Cuando Julián haya recorrido 100 metros y Miguel 97 metros, se encontrarán uno al lado del otro y les faltará 3 metros para terminar la carrera. Como Julián es el más rápido de los dos, él llega primero a la meta.

52. El juego del once

Si las cartas de Manuel son 1, 3, 4, 5 y 9 y las de Silvia son 2, 6, 7, 8 y 10 entonces ninguno de los dos tiene un conjunto de cartas que sume 11 y el juego habrá terminado empatado.

53. Los auto-números

Los 13 auto-números son 1, 3, 5, 7, 9, 20, 31, 42, 63, 64, 75, 86 y 97. Estos números también son conocidos como "números colombianos" porque este autor los redescubrió en los años setenta y así los bautizó en un problema publicado en *The American Mathematical Monthly* que renovó el interés por ellos.

54. El cubo amable

Este problema de Richard Guy fue publicado en la revista canadiense *Crux Matematicourum* en 2006.

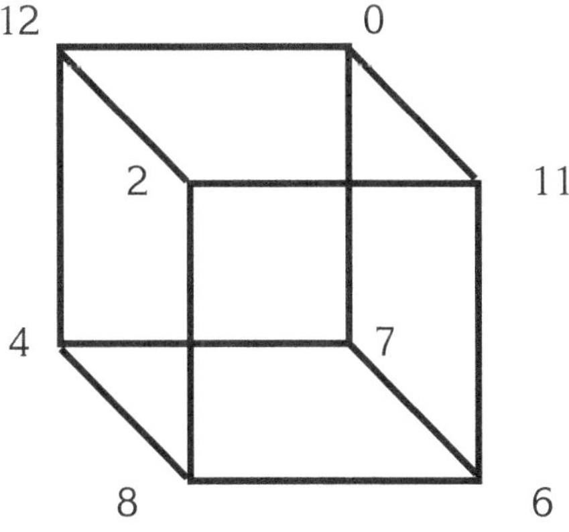

55. Parejas imposibles

Los seis números son justamente 95, 96, 97, 98, 99 y 100. Entre los seis números siguientes hay tres pares, que tendrían que aparearse con los impares 95, 97 y 99, y tres impares, que se tendrían que aparear con los pares 96, 98 y 100. Sin embargo el 105, tiene un factor común con cada uno de estos números, a saber 3, 7 y 5 respectivamente. por lo que no podría ir con ninguno de ellos. Esto significa que no hay manera de que los números de 95 a 100 puedan formar parejas de primos relativos con los números de 101 a 106.

56. Las láminas del mundial

Federico tenía en ese momento 200 láminas del álbum del Mundial. Éste es el número más pequeño que no se puede convertir en un número primo cambiando por otro alguno de sus dígitos. El siguiente número con esta propiedad es 320.

57. Otro acertijo mundialista

Lorenzo consiguió 49 láminas, Mauricio 65 y Sergio 90. De las 204 láminas tuvieron, respectivamente, 7, 13 y 9 láminas repetidas, 29 en total.

Este acertijo está basado en una idea de Roger Allen, colega del autor en Suazilandia.

58. El muchacho y el helicóptero

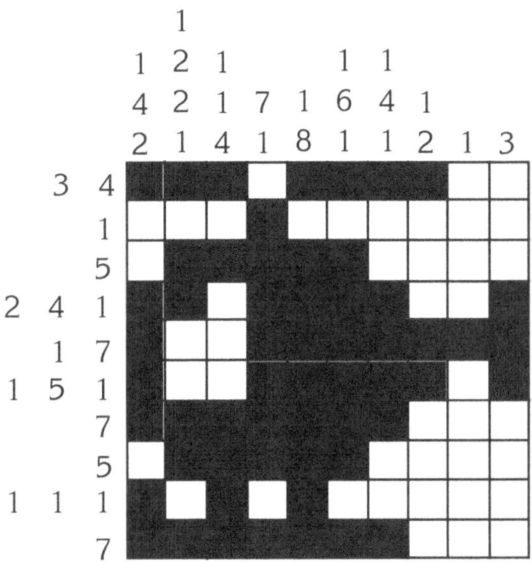

59. La memoria de Ignacio

Ignacio no puede reconstruir su número de identificación personal (NIP) porque hay dos números diferentes que tienen dos dígitos idénticos con sus cinco anteriores NIPs: 4739 y 8732.

60. La fiesta en el octavo piso

El número máximo de gaseosas que se pueden despachar al octavo piso es 135. Para ello los seis voluntarios deben proceder de la siguiente forma:

Cinco de los voluntarios suben al segundo piso cada uno 30 gaseosas y el sexto con apenas 24. Las otras seis gaseosas se dejan en el piso 0. Al llegar al segundo piso cada uno de ellos se toma la gaseosa que le corresponde. Quedan así en el segundo piso 168 gaseosas. Nuevamente cinco voluntarios suben cada uno la carga completa de 30 gaseosas del segundo al cuarto piso, mientras que el sexto sube apenas 12 gaseosas y deja 6 en el piso 2. Al llegar al cuarto piso los seis voluntarios se toman cada uno su gaseosa correspondiente, de tal forma que quedan 156 gaseosas en el cuarto piso. Otra vez cinco voluntarios suben al sexto piso la carga completa de gaseosas, 30 cada uno. El sexto de los voluntarios se regresa al piso 0, tomándose al regreso, como le corresponde, una gaseosa de las que se dejaron en el piso 4, otra en el piso 2 y una más al regresar al piso 0. Por su parte, los cinco voluntarios que llegaron con 30 gaseosas cada uno al sexto piso se toman allí su cuota correspondiente, dejan en ese piso cinco gaseosas para la bajada y suben al octavo piso con el resto, 28 gaseosas cada uno. Al llegar al piso de la fiesta, cada uno se toma su gaseosa de recompensa y entrega las otras 27, 135 gaseosas en total. Los cinco voluntarios se regresan al piso 0, pero en el sexto, cuarto, segundo, y al llegar al sótano, cada uno se toma una de las gaseosas que fueron dejando en el camino.

61. Los anillos olímpicos

Con las sumas de los números dentro de cada anillo iguales:

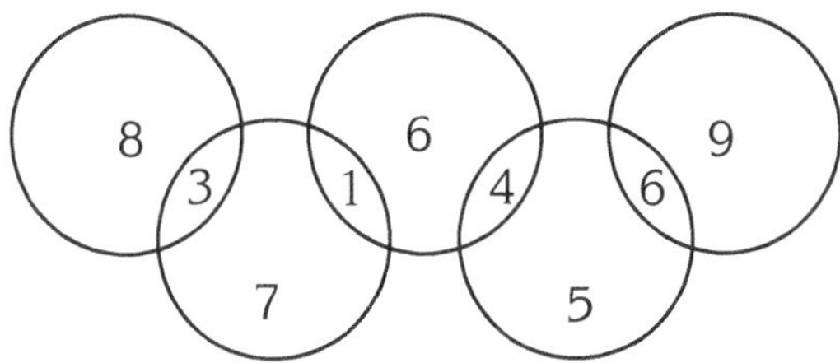

Con las sumas de los números dentro de cada anillo primos diferentes:

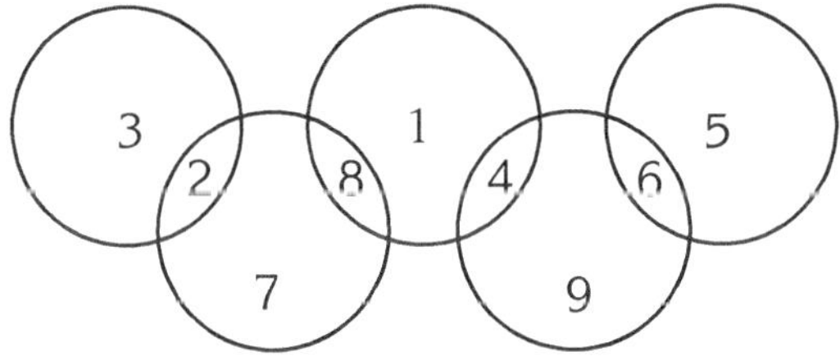

62. Los palillos

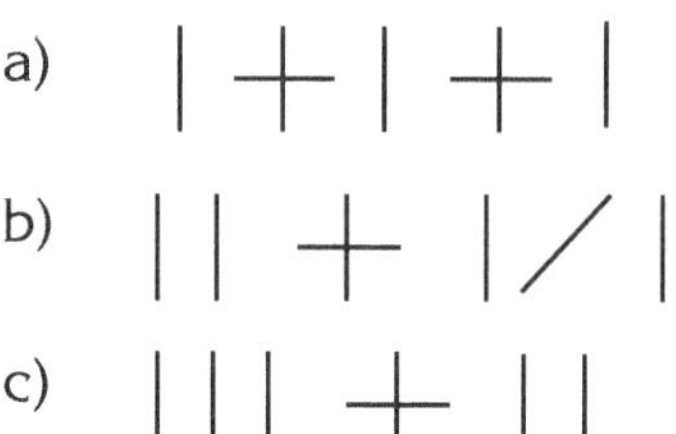

La última de éstas hay que leerla con cuidado. Dice: "el valor absoluto de 1 (o sea 1) más 2".

63. El matemago de nuevo

No importa qué número piense Federico en inglés, al contar sus letras, contar las letras del resultado, y así sucesivamente un número suficiente de veces, tarde o temprano llegará al número "four" (cuatro), de donde nunca volverá a salir. Así que cuando finalmente le toca escribir un número con cierto número de cifras, ese número será cuatro. No importa qué número escriba, siempre y cuando no sean cuatro cifras iguales, al aplicarle el proceso que propone el matemago un número suficiente veces, este finalmente desemboca en la constante de Kaprekar, 6174, y de ahí tampoco vuelve a salir. La constante lleva el nombre del matemático indio que descubrió esta sorprendente propiedad de los números.

64. Círculos y cuadrados

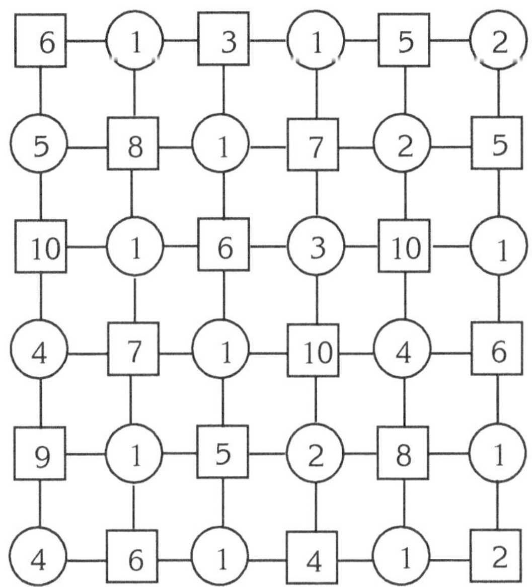

65. Las minas

	2	2	2	2	2	2	⊗	3	⊗			
	⊗	⊗		⊗	⊗				⊗		1	
1		3		2				3		2	⊗	
		⊗			2	⊗	⊗	⊗			3	⊗
⊗	4	⊗	3			⊗	5	⊗	2	1	⊗	
1	4	⊗									4	
	3	⊗			2	⊗	1		3	⊗	⊗	⊗
	⊗			⊗	3				⊗	⊗		2
2		3		2			⊗	3		2		
	⊗		⊗			2	⊗	4		2		1
	1		1	1				⊗	⊗		⊗	1

66. ¿De dónde salió?

Las figuras que usted ve no son dos triángulos sino dos cuadriláteros, porque las que aparentemente son las hipotenusas de los triángulos no son líneas rectas. En efecto, si lo fueran, las dos piezas triangulares con las que se armaron las figuras serían triángulos semejantes, pero si examina sus ángulos agudos, verá que no son iguales. De los dos cuadriláteros, el de abajo es el de mayor área.

67. Las tractomulas

El número de toneladas de arroz que llevaban Luis, Julián y Gerardo eran, respectivamente, 15, 20 y 42.

Supondremos que las tres tractomulas llevan un número entero de toneladas de arroz. Siendo así, las conversaciones de los tres amigos se traducen en las siguientes expresiones, ya simplificadas:

$$L < \frac{3}{5}J - 2 \qquad (1)$$

$$G = J + L - 3 \qquad (2)$$

$$G = 3(L - 1) \qquad (3)$$

$$G > 2(J - 10) \qquad (4)$$

Las ecuaciones (2) y (3) implican que $J = 2L$. Como las cargas son números enteros, esto significa que J es 10, 20, 30, 40 o algún otro múltiplo de 10. Sin embargo, es fácil ver que sólo si $J = 30$ y, por lo tanto, $L = 15$ y $G = 42$, si pueden satisfacer las cuatro expresiones de manera simultánea.

68. Congestión urbana

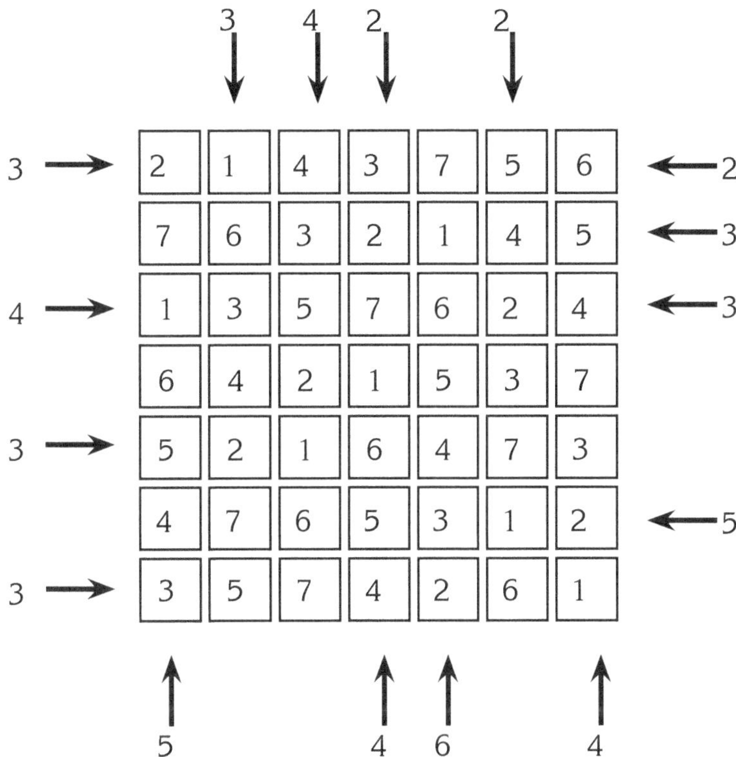

69. Números capicúas

El número 363 es el capicúa de 39 (y de 93):

$39 + 93 = 132$
$132 + 231 = 363$

El número 1111 es el capicúa de 68 (y de 86):

68 + 86 = 154
154 + 451 = 605
605 + 506 = 1111

También lo es de 59 y 95.

Finalmente, el número 4884 es el capicúa de 78 (y de 87):

78 + 87 = 165
165 + 561 = 726
726 + 627 = 1353
1353 + 3531 = 4884

70. Las ecuaciones de Erich Friedman

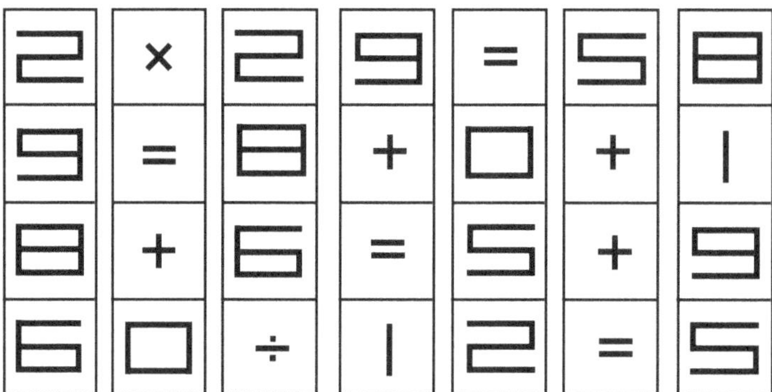

71. Los hexosudokus

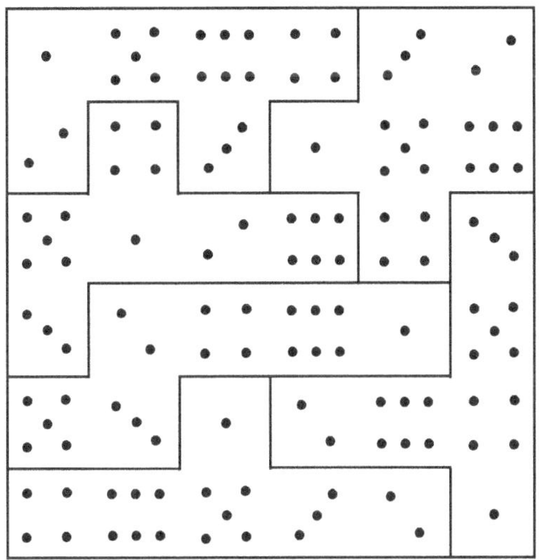

72. La pirámide de números

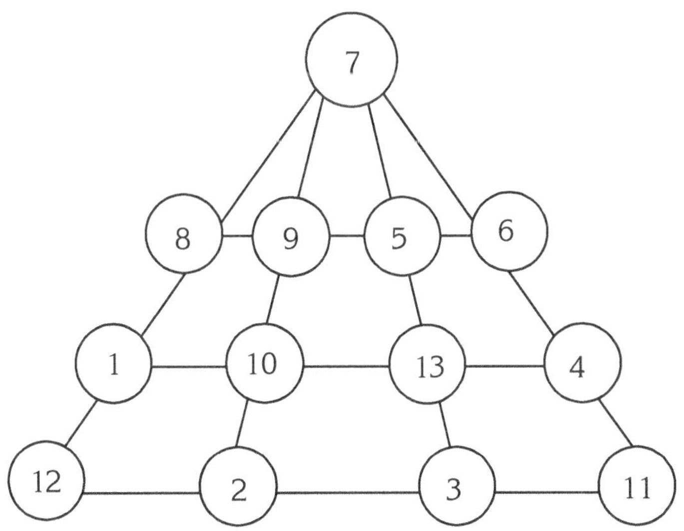

73. Discos revueltos

Después de que Rosita tomó el disco que encontró en el estuche marcado *Rancheras* y escuchó un tango, ya estaba segura de que ese disco no era la mezcla de *Rancheras, tangos y cumbias*. Esto sólo es posible si el disco que encontró en el estuche de *Beatles y Rolling Stones* era el de esa mezcla.

Luego, cuando examinó los discos en los estuches marcados *Tangos* y *Cumbias* y comprobó que no eran de canciones en inglés, Rosita pudo concluir que en el primero de los estuches estaba el disco de las cumbias y en el segundo el de las rancheras.

Ahora bien, ni en el estuche marcado *Beatles,* ni en el marcado *Rolling Stones* podía estar el disco con la mezcla de canciones de estos dos grupos, así que este disco se encontraba en el estuche marcado *Rancheras, tangos y cumbias*. Finalmente Rosita dedujo que el disco de los *Beatles* estaba en el estuche de los *Rolling Stones* y viceversa.

74. Las parcelas

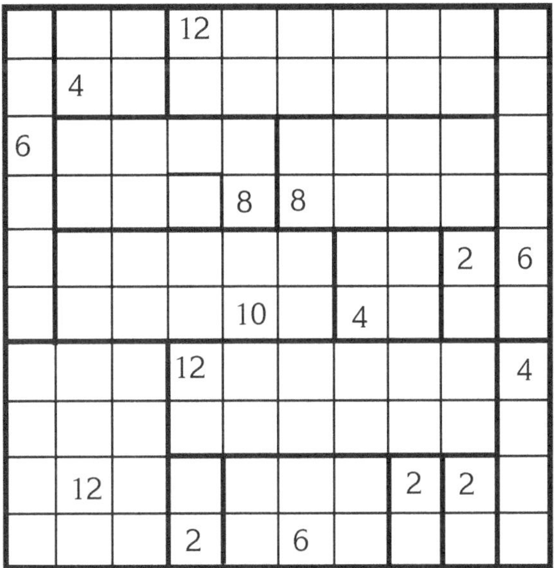

75. Puntos aislados

El mayor número de puntos que se pueden aislar parece ser doce:

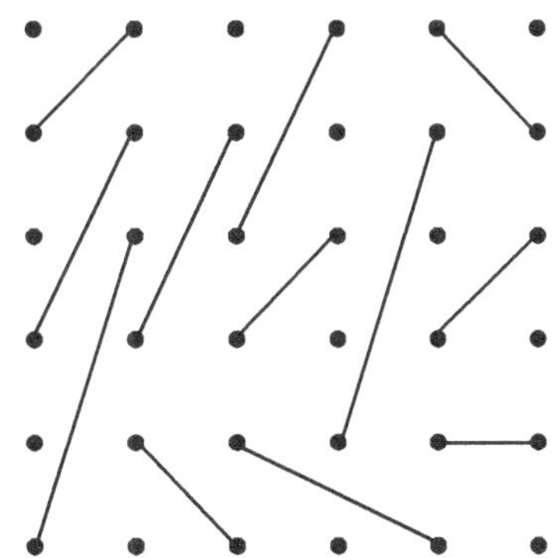

Ignotus no conoce la solución general de este problema para el caso de una retícula rectangular cualquiera de $n \times m$ puntos.

76. El reinado de belleza

La señorita Cedonia fue la ganadora del concurso de Miss Io. La tabla de puntuación de los cinco jueces fue la siguiente:

	Juez 1	*Juez 2*	*Juez 3*	*Juez 4*	*Juez 5*	*Total*
Alfagonia	1	1	4	2	2	10
Betonia	1	5	1	1	2	10
Cedonia	3	1	2	2	2	10
Deltatina	3	1	1	3	2	10
Total	8	8	8	8	8	

77. El triángulo de primos

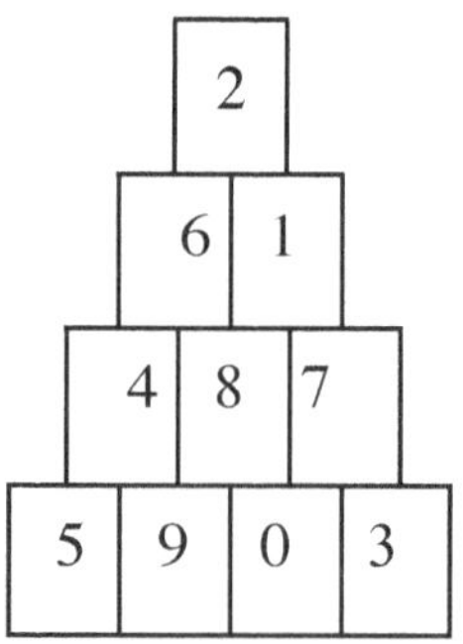

78. Las estampillas de Alfagonia

Los valores de las seis estampillas que debe emitir la administración postal de Alfagonia son: 1, 2, 5, 8, 9 y 10. Con estos valores se puede franquear cualquier cantidad de 1 a 20 utilizando un máximo de 2 de estas estampillas.

79. Otras láminas del Mundial

Las cuatro láminas con números consecutivos y el mismo número de divisores que le salieron a Mario fueron 242, 243, 245 y 246. Los divisores de cada uno de estos números son, respectivamente {1, 2, 11, 22, 44, 242}, {1, 3, 9, 27, 81, 243}, { 1, 2, 4, 61, 122, 244} y {1, 5, 7, 35, 49, 245}.

80. La culebra y el cazador

Ignotus no conoce un análisis del juego de *la culebra y el cazador*. En particular, no sabe qué longitud tendría una culebra al finalizar un juego en el que los dos jugadores han jugado de manera óptima. Nada de esto es necesario para divertirse con este juego de estrategia y astucia.

Apéndice

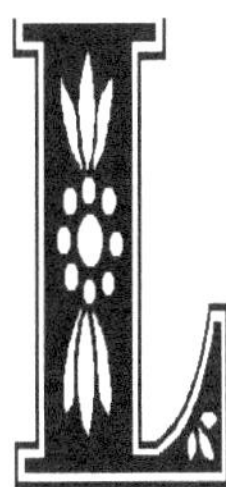 os números primos menores que 1000

2, 3, 5, 7, 11, 13, 17, 19, 23, 29, 31, 37, 41, 43, 47, 53, 59, 61, 67, 71, 73, 79, 83, 89, 97, 101, 103, 107, 109, 113, 127, 131, 137, 139, 149, 151, 157, 163, 167, 173, 179, 181, 191, 193, 197, 199, 211, 223, 227, 229, 233, 239, 241, 251, 257, 263, 269, 271, 277, 281, 283, 293, 307, 311, 313, 317, 331, 337, 347, 349, 353, 359, 367, 373, 379, 383, 389, 397, 401, 409, 419, 421, 431, 433, 439, 443, 449, 457, 461, 463, 467, 479, 487, 491, 499, 503, 509, 521, 523, 541, 547, 557, 563, 569, 571, 577, 587, 593, 599, 601, 607, 613, 617, 619, 631, 641, 643, 647, 653, 659, 661, 673, 677, 683, 691, 701, 709, 719, 727, 733, 739, 743, 751, 757, 761, 769, 773, 787, 797, 809, 811, 821, 823, 827, 829, 839, 853, 857, 859, 863, 877, 881, 883, 887, 907, 911, 919, 929, 937, 941, 947, 953, 967, 971, 977, 983, 991, 997.

Bibliografía

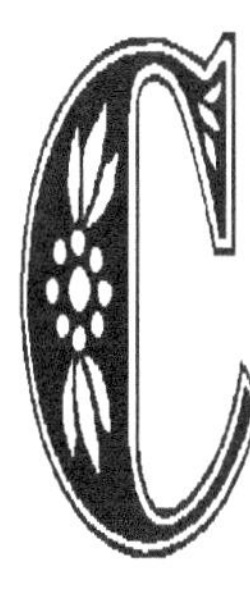ASAS ALFONSO, Esperanza. *Álgebra recreativa*, Cooperativa Editorial Magisterio, Bogotá, 2005.

COHEN, Gilles. *Pitagora si diverte*, 77 giochi matematici, *Bruno Mondadori*, Milán, 2001.

GARDNER, Martín. *The Colossal Book of Short Puzzles and Problems*, Norton, Nueva York, 2006.

HEMME, Heinrich. *Die Quadrate des Teufels*, Vandenhoeck & Ruprecht, Göttingen, 2003

PONIACHIK, Jaime y Lea. *Cómo jugar y divertirse con su inteligencia*, Zugarto Ediciones S. A., Madrid, 1996.

RECAMÁN SANTOS, Bernardo. *El palacio de los precisos cristales. Divertimentos matemáticos*, Gedisa, Barcelona, 2006.

RECAMÁN SANTOS, Bernardo. *Las nueve cifras y el cambiante cero: Divertimentos matemáticos.* Gedisa, Barcelona, 2006.

GRABARCHUK, Serhiy. *The New Puzzle Classics*, Sterling, Nueva York, 2005.

YOSHIGAHARA, NOBUYUKI. *Puzzles 101, A Puzzlemaster's Challenge*, A. K. Peters. Ltd., 2004.

WELLS, David. *The Penguin Book of Curious and Interesting Puzzles,* Penguin Books, London 1992.

El autor

Bernardo Recamán Santos

s bachiller del Colegio San Carlos de Bogotá y matemático de la Universidad de Warwick, Inglaterra. Ha sido profesor de matemáticas en diversos colegios y universidades de Colombia y en el Waterford Kamhlaba United World College en Mbabane, Suazilandia, África. Brevemente fue burócrata en el Ministerio de Educación Nacional de Colombia donde impulsó la formulación de *Estándares de excelencia para la educación básica* y lideró los equipos que elaboraron los primeros estándares para matemáticas. Es autor de *Los números, una historia para contar* (Taurus, Bogotá, 2002), *A jugar con números* (Selector, México, 2000), *Matemáticas, la ciencia explicada* (Intermedio Editores, Bogotá, 2004), *Las nueve cifras y el cambiante cero* (Gedisa, Barcelona, 2006) y *El palacio de precisos cristales* (Gedisa, Barcelona, 2006). Ensayos, juegos, problemas y acertijos suyos han aparecido en *The American Mathematical Monthly, Mathematics Teacher, Crux Matematicorum, Journal of Recreational Mathematics, Bild der Wissenschaft* y *The Sunday Times* (Londres), entre otras publicaciones.

MAGISTERIO